天下文化
BELIEVE IN READING

財經企管 BCB692

SCRUM
敏捷實戰手冊
增強績效、放大成果、縮短決策流程

J. J. SUTHERLAND J. J. 薩瑟蘭 著

陳重亨 —— 譯

The Scrum Fieldbook
A Master Class on Accelerating Performance,
Getting Results, and Defining the Future

各界推薦

　　四年前，我們3M健康資訊系統公司排除萬難採用Scrum解決業務上的緊急問題。我當時根本不曉得Scrum是諸多疑難雜症的解藥：部門猜忌與壁壘、官僚主義、欠缺社群意識和歸屬感……本書的精彩重點，讓我重新體驗轉型之旅，歷歷在目驚奇不已。要理解Scrum不難，但要切實做到可不容易，這需要決策、創意、用心、調整和耐心。這也是世上好人讓大家的生活變得更好的方法。」

—— 大衛・弗萊茲（David Frazee）

3M公司系統研究實驗室主任

　　簡單的說，Scrum已經改變我們的業務。強烈推薦本書給所有希望提升到新水準的公司企業！

——布萊恩・福斯（Brian Fox）

Confirmation公司創辦人兼董事長

　　Scrum 為所有相關人員創造商業價值也帶來幸福快樂。
這套方法架構是知識創新企業的重要推手，並且能在全球市
場與社會中培養創新的永續動力。」

—— 野中郁次郎

日本一橋大學榮譽教授、〈新產品開發的新局〉

（The New New Product Development Game）共同作者與

《創新求勝》合著者

　　Scrum 是高科技產業已經運用幾十年的工作方法。在本
書中，J.J. 薩瑟蘭更全面展示各種美國企業如何運用 Scrum
提高生產力、取得成果。

—— 凡爾納・哈尼許（Verne Harnish）

企業家協會（EO）創辦人、《逐步升級》（Scaling Up）作者

　　本書會讓 Scrum 的運用範圍更為擴大，以後大家都能靠
它提升功力，釋放敏捷潛力。這本書不說廢話，明白揭示
Scrum 在現實生活中的務實應用。J.J. 薩瑟蘭以淺顯文字提點
商業世界的運作方式，而 Scrum 就是讓它運作精巧的關鍵！

—— 戴瑞・里格比（Darrell Rigby）

貝恩策略顧問公司（Bain&Company）合夥人

　　希望自家公司學習擺脫困境的領導者、創新者和想要顛覆市場的大黑馬都要讀這本書！J.J. 薩瑟蘭說起故事引人入勝，各種深刻見解有憑有據，不但揭示真正重要的模式與反模式，還提供Scrum@Scale等實用技巧，得以釋放潛力，推動世界發展。

——納桑尼爾・戴維斯（Nathaniel Davis）

Drinkworks執行長兼產品總負責人

目次 CONTENTS

獻給 v*

因為你堅持這本書必須有趣
因為你說你是跟作家結婚
因為你一直提醒我要面向光明
如果沒有你，就不會有這本書

第 1 章

面對選擇

　　人生中最讓我感到振奮的事，就是常常發現世界運作的方式跟原先想的不一樣。發現自己搞錯了，其實讓我覺得很興奮。因為這表示會有一種更新、更好、更準確，也更完整、周延的方式來觀察這個世界。過去我曾經接收過這種人生大禮，發現原本以為的原則、公理和事物的運作機制根本就是錯的。我也常常發現，不管是在生物、科學、商業或生活中，都存在著各式各樣的運作方式，它們都比我想像得更加錯綜複雜、精細微妙，對於改變也更加開放。這實在是讓人難以相信的自由和解放。

　　這讓我想起近代化學之父拉瓦節（Antoine Lavoisier）在1789年出版的革命性著作《化學元素》（*Elements of Chemistry*）。拉瓦節說，只要透過嚴格精確的實驗，就可以引導出一些基本原理：

> 調查的過程，是從已知事實延伸到未知，這是幾何學中眾所周知，也是各學科都認可的原則……透過這種方式，一系列的知覺作用、觀察和分析因而串接起來，聯繫各種想法。細心的觀察者即可由此追本溯源，找到人類所有知識的秩序與關聯。[1]

　　拉瓦節提出化學基本元素的理論,認為這些化學元素是形成物質的最基本單位,無法進一步分解。所以他非常努力的把這些元素找出來。氧氣、氫氣和碳就是由他命名,他不只發現氧氣在燃燒作用和呼吸作用中扮演的角色,還發現水是由氫氣和氧氣組合而成。整個化學領域都因為拉瓦節而徹底改變。他創造出一套全新的語言,來描述組成現實世界的成分如何相互作用。也就是說,他重新描述世界運作的方式。他甚至只是運用自己提出的基本原則,就能夠預測在世前還沒發現的一些基本元素。

　　在拉瓦節提出元素理論之前,化學家只能研究那些偶然保留在大自然中的化學物質。但拉瓦節認為,除了只是研究這些有限的元素,為什麼不做實驗,把全世界各種可能存在的化學合成物質都找出來呢?

　　他的想法真是讓人驚艷!拉瓦節的著作也成為科學史上相當重要的分水嶺。在此之前,科學家和知識分子都以為世界只有一種運作方式,但是拉瓦節讓我們了解到,這個世界的運作方式跟過去大家的理解完全不同。現代化學就此誕生,整個世界也徹底發生變化。在現今的世界裡,從襯衫鈕扣、冰箱的冷卻機制,到這本書上的油墨或你手中裝置的微小晶片,都是因為拉瓦節的發現才成為可能。

我最喜歡這種新發現；新發現徹底改變我們觀察和理解生活世界的方式，也因為這些新資訊和新資料，我們過去以為的一切都要重新打上問號。要是世界每天都變換一種新的運作方式，我們甚至不曉得明天有多大的可能性。

全新的思考方式

我和父親傑夫・薩瑟蘭（Jeff Sutherland）的第一本書《SCRUM：用一半的時間做兩倍的事》出版幾年來，愈來愈多人發現商業界的運作方式也日新月異的急速轉變。有一場革命正推動商業界的變化，就像拉瓦節對化學界的影響，展示出一個全新的世界，商業界過去的限制已經不適用。我最近和一些企業、執行長和高階主管對話時，也提出新觀念：「Scrum是一門改變可能性的藝術。」

由於社會、經濟與政治急速變化，Scrum的需求日漸擴大，而這些變化又受到科技急速進步驅動。各位一定都聽過英特爾（Intel）聯合創辦人高登・摩爾（Gordon Moore）首創的「摩爾定律」（Moore's law）。他在1965年寫了一篇論文，論文的標題很有趣：〈在積體電路上塞進更多元件〉

（Cramming More Components onto Integrated Circuits）。我們現在說的「摩爾定律」其實就是這篇論文的結論：晶片上的電晶體數量，每隔兩年會增加一倍。這就是指數成長。而且，新增的運算能力價格同時也減少一半。

我們根本無法感受到這種變化有多快，也完全不可能真正理解後來會發生什麼事。法國有一則古老的兒童謎語，可以讓我們體會一下這個速度感。假設你恰巧看到一池睡蓮，也許就像法國吉維尼（Giverny）的睡蓮，那是莫內（Claude Monet）畫的那幾十幅睡蓮。各位可以稍微想像一下，平靜無波的水面上漂浮著許多美麗的睡蓮，說不定還有一座小橋，藍天綠樹倒映池中。

假設池塘裡的睡蓮每天都會增加一倍，30天以後就會把整座水池完全覆蓋，蓮葉相依不留一絲空隙。這雖然不能說是睡蓮的錯，但池塘裡的各種生物，例如魚和青蛙等，甚至睡蓮本身都會因此活不下去。不過，我們還是有時間拯救這座池塘，對吧？可是一池睡蓮是那麼的美麗，所以你決定等到睡蓮覆蓋半座池塘的時候再出手。那麼你會有多少天可以拯救這座池塘呢？

一天，你就只有一天而已。第29天，睡蓮會覆蓋半座池塘；隔天，就全部蓋滿了。

讓我再舉一個例子說明電晶體和運算功率倍增的速率。這個例子可以追溯到1256年在棋盤上放上小麥的故事，而且到現在依然很有名（由此可見，人類思考這種事情的歷史有多麼悠久）：在棋盤的第一格放一粒小麥、第二格放兩粒，之後每推進一格，放置小麥的數量都加倍，那麼到最後一格等於連續加倍63次，會有90萬兆粒麥子（精確的數字是：9,223,372,036,854,775,808）。這個數字非常、非常、非常大，大到我們無法理解。而這就是我們經歷的變化速度。面對快速變化的問題，過去的運作方式已經無法應對，因為問題早就超出它們的解決能力。「複雜」已經不再罕見，反而成為我們每天都要努力解決的問題。

接連不斷的變化

Scrum能讓個人、團隊或組織應對這種複雜性，處理無法預測的變化，在問題不斷變化的時空中靈活運作。我們正在經歷的變化速度非常快，因此我們也需要採用不同的工作方式。Scrum就是問題的解答。

但要讓Scrum真正發揮強大的力量，讓生產力激增、價

值提升，在管理和營運上就必須先進行徹底的改變。雖然成立幾支 Scrum 團隊就能快速把事情搞定，但我們真正需要的是整個企業採行 Scrum。因此，傳統的結構必須改變，激勵誘因必須改變，績效管理必須改變，整個組織的人員就算不屬於 Scrum 團隊，也必須學習以新的方法與 Scrum 團隊互動，以及支援、協助與管理團隊。

當傳統組織裡的成員知道自己得面對多麼澎湃浩大的變化，有時也只能舉手投降。因為他們實在沒辦法應付，這個改變太飛躍又太驚人。那些因循守舊的大企業有太多官僚氣息、太多歷史包袱，和太多固有的「做事方法」。經理人會說：「我們什麼都不能改變啊！」「我們這裡不是這麼做事的！」要是事情出錯，他們就會怪東怪西到處亂罵都是別人的錯。

其實，該誰負責公司的成敗、錢是怎麼花掉的，或者又出了什麼問題，這些都不要緊。真正重要的是掌握未來，搞清楚接下來會發生什麼事。過去已經是歷史；不管是商業、政治或人際關係，重要的都是未來。你希望的未來是什麼樣子？你如何定位自己，才能掌握已知的變化並且善加利用？你該如何為團隊、部門或企業建立一套系統，不但能維持組織彈性，而且可以愈挫愈勇、百折不撓？我們要如何建

立一套穩健的系統，每次遭遇災難和挑戰，不但會自行恢復，而且還會學習、成長、變得更厲害？

　　最優秀的組織會從自己的錯誤和成功中學習，有系統的運用這些經驗教訓不斷改進。每當我的團隊告訴我某件事失敗了，我常常會跟他們說：「很好啊，這樣我們就知道這個方法行不通。下次帶一個更有趣的錯誤給我看吧！」

　　各位最想要的組織，其實就是我說的「文藝復興企業」（Renaissance Enterprise）：能擺脫歷史枷鎖，不再用舊方法看世界，而且有能力創造出幾年前還想不到的創新。我們需要「人類的摩爾定律」。我們要怎麼提升速度、效率和生產力呢？又要怎麼帶領整個組織、大規模一起向上提升？

樂高組成的世界

　　請跟我一起來到北歐，造訪瑞典：IKEA、《龍紋身的女孩》（*The Girl with the Dragon Tattoo*）、ABBA 合唱團、全球頂級肉丸子（大概吧）和午夜太陽的故鄉。瑞典也是紳寶汽車（Saab）的故鄉。各位也許以為紳寶是汽車製造商，但現在已經不做汽車了。其實，製造汽車一直都只是紳寶的副

業而已。有人知道紳寶其實是做戰鬥機的嗎？

　　事實上從 1937 年以來，紳寶已經製造戰鬥機長達好幾十年。當時全世界即將進入一場惡鬥，但瑞典沒有加入任何陣營或是跟任何國家結盟，而是決定建立自己的空軍。打從拿破崙時代結束之後，瑞典就跟瑞士一樣採取中立政策，而且不管是在第二次世界大戰期間或冷戰時代，瑞典官方都能保持中立。不過，這個南北狹長的國家前方有蘇聯、後方有北大西洋公約組織，壓力實在是超大。

　　所以，瑞典人就自己建立了空軍。他們在 1950 年推出 Saab 29 Tunnan 戰鬥機，這是足以媲美當時全球最佳戰鬥機的優秀機種。瑞典人擴編大概 55 支戰鬥中隊，由眾多戰鬥機輪流警戒，60 秒內就能升空迎敵。後來，他們也把飛機賣給其他國家，包括奧地利、巴西、南非、泰國等。

　　在 Tunnan 桶式戰鬥機之後，紳寶又打造出 Lansen 矛式戰鬥機和 Draken 龍式戰鬥機。1980 年代再推出 Gripen 獅鷲 A/B 型戰鬥機，接著是 C/D 型戰鬥機。然後，他們碰上一個大問題。獅鷲戰鬥機是很棒的飛機，銷售得非常好。但紳寶和瑞典軍方都希望再進行現代化改造，讓飛機的火力更強大、航程更遠，成為更加驚人的武器。這就是獅鷲 E 型最初的構想。紳寶的工程師一開始只是準備對現有的 60 多

架獅鷲C型戰鬥機進行現代化改造，畢竟，戰鬥機既昂貴
又很難製造。最後，他們更新戰鬥機時，採用了Scrum。起
先只有軟體開發團隊使用，但Scrum很快就散播開來，從
設計、工程到品管，各個部門紛紛採行這套新方法。這套
「Scrum@Scale」是模組化的組織結構，各種跨職能團隊都
適用，而且可以很快產出成果。隨著紳寶公司上上下下全部
採用Scrum，公司領導者突然有個全新構想：戰鬥機也能採
用跟公司一樣的組織結構嗎？紳寶指出：

> 我們想要一架可以飛50年的戰鬥機。我們也知道
> 幾十年內科技就會徹底改變，但現在的戰鬥機設
> 計真的很難與時並進，隨時更新。戰鬥機的構造
> 是嚴絲密縫的緊密組合，每個部件都是牽一髮而
> 動全身。但我們要是能夠打造一架模組化、可以
> 輕鬆拆卸和組合的戰鬥機，就像Scrum團隊的組
> 織一樣，會是怎樣呢？我們就可以隨時更新整套
> 系統，不必苦等全面的現代化更新。而且，為什
> 麼不設計成各個部件可以隨時替換？如果有新雷
> 達、新電腦或更好的引擎，我們可以馬上除舊布
> 新，飛機其他部分也不必更動。如果我們建造出

一架像是用樂高積木組裝起來的戰鬥機，會是如
何呢？

「我們都希望它是隨插即用的系統，」紳寶的主管尤根·
佛若恆（Jorgen Furuhjelm）表示：「這才是我們說的智慧型戰
鬥機，因為我們也不知道幾年後客戶會想要什麼新功能。」

需要開發更好的引擎嗎？沒問題，直接換掉！要改善
雷達系統嗎？即刻完成！想要更厲害的武器？隨你挑選！紳
寶的設計理念讓獅鷲戰鬥機可以做到一些看似不可能的事
情。它可以在極端的天候狀況裡降落在公路上；可以在十分
鐘內加滿油箱和補充武器彈藥，而且只需要六個人，還完全
不必使用特殊工具。大多數戰鬥機需要兩、三倍時間才能完
成補充能源、彈藥的任務，但紳寶的戰鬥機甚至可以在一小
時之內把整顆引擎換掉。這就是模組化的強大威力。

而且，紳寶公司也是非常好的工作地點；瑞典工程
學系學生的「最佳工作場所」評比中，紳寶的排名僅次於
Google。還有，一般來說，全世界所有的員工大概都寧可無
所事事也不想上班，但紳寶的員工可是每天都想進公司。

佛若恆說：「這就是認真和投入，大家都認為這項專案
很酷、非常酷；他們都很喜歡飛機。團隊這種認真投入感，

就好像我們可以親手觸摸到一樣。」

　　這就是Scrum的力量。它讓大家工作更迅速、更有效率，能在更短的時間內完成更多任務，讓團隊懷抱熱情展開工作，不會受到阻礙。紳寶採用Scrum之後發現，只要專注為大家排除障礙，員工就會釋放出驚人的潛力。

　　後來的獅鷲E型戰鬥機的確更優秀，跟之前的機種相比可說是樣樣勝出：零組件品質更好、設備更優秀，而且開發成本更低、製造成本更低，營運成本也更加便宜。150架獅鷲戰鬥機服役40年的花費大概是220億美元，這只有65架美製F35戰鬥機服役成本的一半而已。

　　紳寶從零開始建造一架技術先進的戰鬥機，就是採用Scrum成功完成任務。我跟很多公司合作過，常常聽到那些經理人質疑：

　　哎呀，Scrum架構只是為了開發軟體而設計出來的，我們要做的事情太複雜，不能採用這種「敏捷」管理。

　　碰到那種時候，我通常會跟他們說獅鷲戰鬥機的故事，然後回答：「我很確定，不管你們是要製造或建造什麼，都不會比戰鬥機還複雜。」

「敏捷」的定義

　　最近幾年來，在「敏捷」（Agile）管理的大旗下，Scrum已經到處可見。它不再只是軟體程式和科技產業的工作方法，也有愈來愈多大企業採用，Scrum幾乎遍及各個工商領域，包括銀行、汽車、醫療設備、生物技術、保險和醫療保健等領域的公司，都把敏捷管理當做是企業維新、與時並進的方法。博世（Bosch）、可口可樂（Coca-Cola）、聯合服務汽車協會（USAA）、斯倫貝謝（Schlumberger）、富達投資（Fidelity）和洛克希德馬丁（Lockheed Martin）等績優公司都已經採用Scrum，為客戶迅速提供價值與品質，而這樣的速度是客戶認為的正常要求。

　　這樣的轉變大部分都是來自「數位改革」。過去那種傳統產業與資訊科技業涇渭分明的想法，現在早就過時。如今每家公司可以說都是科技業者，程式軟體早就吞噬這個世界。各位開的汽車所用的程式指令，比電腦視窗用的程式指令還多呢。還有，我家的新洗衣機竟然也需要輸入Wi-Fi密碼連上網路！

　　現在有許多公司，大概是執行長看到TED演講，或是

從同業、顧問公司那裡聽到敏捷管理好處多多,所以決定赴湯蹈火也要讓公司「敏捷」起來!

　　所以,我想先把「敏捷」定義清楚,讓大家明白Scrum跟它有什麼關係會很有幫助。Scrum是在1993年發明出來,由兩位創辦人,傑夫·薩瑟蘭和肯·史華伯(Ken Schwaber)在1995年正式定案。1990年代中期,在新聞論壇Usenet和許多會議上,很多人都努力思考開發軟體的新方法,希望不會再像過去那樣愈來愈常出現一些糟糕的失敗。

　　2001年有17個人跑到猶他州雪鳥滑雪場待了好幾天,我爸爸傑夫·薩瑟蘭、肯·史華伯和另一位早就採用Scrum的麥克·畢德(Mike Beedle)都參加這場聚會。另外14個人則來自不同的專業領域,主張的方法也各有不同,但他們都知道,大家要解決的問題雖然不完全一樣,基本上卻非常類似。

　　我聽幾個參加這場會議的人說,第一天大家就吵成一團,就算他們已經找到一套方法架構,還是不知道要怎麼稱呼它。第一天開會快結束時,麥克·畢德建議用「敏捷」,獲得一致認同。比起其他選擇,例如「輕量級」(Lightweight),「敏捷」更容易宣傳推廣。所以這套方法的名字就此定案。然後大家又開始吵,「敏捷」到底是什麼意

思？

　　第二天，大家吵得更兇。好啊，這套方法叫做「敏捷」，但敏捷到底是什麼意思呢？要怎麼定義？那時候有九個人說要出去抽根菸、休息一下，另外八個人還留在裡頭，其中有一位馬丁・福勒（Martin Fowler）走到白板前面說了一句，大概的意思是：「我們在這裡搞了兩天還沒有結論，這不是太丟臉了嗎。」後來，大概15分鐘過後，會議室裡的八個人想出下列定義：

　　　　我們根據開發軟體與協助他人開發軟體的經驗，

　　　　發現一些更好的方法。透過這些努力，我們認為：

　　　　「個人與互動」比「流程和工具」更重要

　　　　「實際運作軟體」比「包山包海的文件說明」更重要

　　　　「客戶合作」比「簽約協商」更重要

　　　　「回應變化」比「遵循計畫」更重要

　　　　也就是說，儘管後者同樣有價值，但我們更重視前者。

　　15分鐘後，抽完菸的9個人回到會議室，其中一位，

也就是維基百科（Wiki）的創辦人華德・康寧漢（Ward Cunningham）讚嘆：「這太厲害了！」後來這份宣言一字不改通過。

　　這就是「敏捷」的價值宣言。他們還利用剩餘時間彙整出12大原則，例如「簡單絕對必要！還有多少工作尚未完成才最重要」、「專案的核心是受到激勵的成員，提供他們需要的環境和支援，相信他們可以完成工作」，還有「持續追求卓越技術和優良設計，強化敏捷靈活」。這些都是很棒的理念，但沒有說到實際上要怎麼做，沒有談到架構、方法論，核心就是那四項價值和一些很常見的原則。

　　結果這套方法讓世界為之一變。他們把敏捷宣言放上網站agilemanifesto.org，然後回家各自努力實現這個目標。他們完全不曉得，這套方法對整個世界的影響，將遠遠超出軟體產業。

　　不過我也要提醒各位，要是聽到有人說他採用「敏捷管理」的時候，一定要問到底是什麼意思。現在，敏捷管理最流行的方法就是Scrum，大概有70％的敏捷團隊都使用Scrum。但敏捷管理絕對不是只有這個方法而已，光說某家公司也採用敏捷管理無法說明詳細狀況。

實現人類的摩爾定律

各位要是從來沒聽說過Scrum，或者雖然已經有人介紹過，但你還是不知道它對你的事業有什麼幫助，那麼我先簡短說明Scrum的來龍去脈以及功能。

1980年代後期以來，矽谷人就一直很注意摩爾定律對科技快速發展的影響。隨著電腦硬體的功能愈來愈強大，軟體程式也變得更加複雜，但遺憾的是，這些軟體專案的失敗也更為普遍，耗費更多時間和心血，吞噬更多產能與夢想。

以英國倫敦證券交易所的TAURUS專案為例，TAURUS指的是「無憑證股票轉讓與自動登記」系統（Transfer and Automated Registration of Uncertified Stock；譯注：無憑證股票指的就是無實體股票）。當時的問題在於交易所使用的是塔里斯曼系統（Talisman）。所謂的結算交割其實只是「銀貨兩訖」的專業術語。你在交易所買進股票以後，實際上可能還需要兩、三週，這些股票才會真正轉移到你的投資組合裡，因為實體紙本股票得從甲地送到乙地。然而，交易所採用的買賣報價系統是已經電子化的Seaq系統，它跟早已行之多年的塔里斯曼結算交割系統無法相容。

　　TAURUS專案要解決的就是這個問題：準備取代舊式紙本作業的電子結算系統，而且會跟國際結算系統搭上線，以後就可以進行跨國證券交易，真是太棒了！但是，散戶的需求一定跟盤商不一樣。大多數的券商希望慣用的系統可以跟TAURUS串聯並用，而不是全面更新系統。於是有愈來愈多人提出各式各樣的要求。

　　不過TAURUS還是做得很棒，它真的很厲害，當時竟然能跟大概17種不同的系統整合在一起，真是太驚人了。根據哈米斯・麥克雷（Hamish McRae）1993年3月12日在《獨立報》（Independent）的報導，TAURUS專案面對的是三個大問題。首先，這套龐大的系統是從零開始建構，致力於隆重啟用後一次就把所有問題搞定。這是相當冒險的做法，等於其中容不下任何小失敗或小錯誤；就算是最小的失敗都可能變成一場災難。但是當時這種做法很常見，甚至到今天都還會看到。有些公司押下全部的籌碼，搞出非常龐大的系統想要一次解決掉所有問題。然而，根據史丹迪士集團（Standish Group）的研究數據，採取這種作業方式的專案大概有40％完全失敗。[2]其中有一半不但延期、超出成本，而且也沒做到原本要求的功能。對TAURUS來說，全球大型金融中心的結算系統想要汰舊換新一次就搞定，這個希望實

在是有點渺茫。

　　第二個問題是，麥克雷指出，系統重要的是能夠有效運作；一套還不錯又可以順利運作的系統才是好系統，不會動的系統再完美都沒用。所以，絕對不要讓「完美」變成自己的敵人。TAURUS專案就跟其他失敗的專案一樣，最後就是因為包山包海的功能而敲響自己的喪鐘。「新系統要是能達到原本設定的功能，還能做到這個跟那個就好了！要是它在處理交易的同時還能送上一杯完美的義式咖啡，那不是更棒嗎！」於是到最後，一個原本具備明確定義的簡單專案，變成一架龐大複雜的機器，就是要為所有人做到所有的事情。結果，設計師原本要求的最簡單任務反而辦不到。

　　我在一套企業廣泛使用的SAP系統上也看到同樣的狀況。SAP系統可說是企業資源規劃（Enterprise Resource Planning, ERP）系統的領導者，而ERP系統是設計用來處理所有事項，包括追蹤資源的大型資料庫，例如現金、原物料或生產能力；然後導入這些資料、整合薪資、發票和訂單等作業處理。所以ERP系統會跟公司的每個部門都有關係，舉凡採購、銷售、人資、會計、生產，幾乎跟所有營運作業都有關係，而且是數位化的整合在一起。如果採用現成的套裝軟體，這套系統其實可以運作得很不錯。

　　但就跟TAURUS系統一樣，因為大家都指望ERP系統發揮神奇的功能，例如整合各種系統、跟地下室的大型老主機連線、容納雲端運算、把各部門粗製濫造拼湊完成的系統全部整合在一起（或者是拿出更好的東西來完全取代它們）等；結果範疇潛變（scope creep）的問題出現了。「讓它也能跟我們已經使用30年的老系統相容；它應該具備我們20年前購買的套裝軟體的所有功能，因為那套軟體現在已經不支援更新了。」類似的奢望要求簡直毫無止境像個無底洞。

　　光是過去半年我就碰到三家正在整合SAP系統的跨國大企業，而且他們的整合都已經耗時超過整整十年。其中有一家全球知名的飲料業者（各位今天說不定才剛喝過他們的產品）在我談到一定要維持狀況「簡單」以後，有位工程師悄悄靠過來，小聲說：「我們已經花了不只十億，系統還是發揮不了作用。」另一家公司的業務散布全球、還擁有數十萬名員工，他們則說才花十億美元那還算便宜；他們在SAP上花了15億美元，結果還是不能用。我也不想再舉第三個例子來嚇唬各位。相信我，他們的狀況一樣很糟。這三家公司有一個共同點：雖然花了幾十億美元、幾千幾萬個人力，還是都沒有成效；但是到現在他們面對同樣的問題時，還是每年照樣丟幾億美元進去、用同樣的方法，卻希望可以得到

不同的結果。

　　回到TAURUS系統。這套結算交割系統中的完美瑰寶，包含無休無止努力整合17套不同的系統，以回應各方不一樣的作業要求。它想為所有人辦到所有的事情。他們努力嘗試，而且是非常努力在嘗試！

　　但是TAURUS面對的第三重問題，我得引用麥克雷的原話說明：

> 證交所一直沒有好好傾聽客戶的意見。它有很多不同類型的客戶：身為會員的券商、上市公司、法人，還有散戶。交易所的會員當然擔心TAURUS的成本太高，上市公司也不太高興（有些公司還拒絕提供協助），那些漠不關心的法人還算是好，有些法人則是直接抱著很大的敵意，而散戶則是擔心可能支付額外的費用。這一切阻力其實都來自某種特定的傲慢。

　　「某種特定的傲慢」指的是專家的傲慢、專業的傲慢、官僚的傲慢、流程比人還重要的傲慢，以及過度重視複雜描述而忽略事物本身的傲慢。他們全心全意投入精心設計，自

負的堅持事情會因為審慎思考而發生變化，滿心以為整合各項功能是個好主意。

結果，從美好構想出發的TAURUS系統，經過好幾年的努力，最後卻在1993年黯然撤銷，成千上萬的人力不分白天黑夜加班趕工，還有大約7500萬英鎊的開發費用，就這樣沖進馬桶；總共造成利害關係人大約四億英鎊的損失。

真是浪費好多錢，也浪費掉好多時間和好多人的人生。這麼多聰明人努力了這麼久，卻創造出一場可說是科技上的災難。

我很希望可以告訴各位TAURUS是最糟糕的例子，但事實並不是這樣，比這個系統還嚴重的失敗案例還有很多。英國的健保系統「連接健康」（Connecting for Health）專案做了9年，浪費掉120億英鎊；美國軍方的「遠征作戰支援系統」（Expeditionary Combat Support System）搞了7年，浪費11億美元；加州汽車局（California Department of Motor Vehicles；譯注：類似臺灣的監理所）從1987年開始投入幾千萬美元重新打造一套系統，到了1990年，新系統卻比原本應該被取代的舊系統還爛！而且，他們甚至一直到1994年才踩剎車宣布廢止。《舊金山紀事報》（San Francisco Chronicle）說：「這套系統根本不行，不再花個幾百萬美元

根本修不好。」

　　我們的機器硬體變得更快、更有力，但人類一直難以掌握這些優勢，這就是我爸爸在1990年代初期的工作環境。各位如果想了解當時詳細的來龍去脈，請閱讀《SCRUM：用一半的時間做兩倍的事》。簡單來說，他提出一種新的工作方式。他看透整個狀況，發現這些嚴重失敗並不是利害關係人的問題。搞砸龐大專案的經理、工程師或設計師都不是壞人、也都不笨。他們從沒打算要把事情搞砸。大家都是抱著偉大夢想和目標出發，希望可以做出成績，改變世界運作的方式。

　　失敗的不是人，而是系統。失敗的是他們的工作方式，是他們參加會議討論或是規劃流程時的思考方式出了問題。對他們而言，工作就該這樣進行。要叫他們改變工作方式，就好比叫一條魚去質疑自己為何那麼依賴水。

生存指南

　　自動化科技讓某些人的工作岌岌可危，他們受到的危脅就像企業時時刻刻都能感受到的生存威脅。不管你是要對

工作做出選擇，或是為大型跨國企業擬定戰略目標，還是採用什麼文化來適應完全不同的新環境，快速適應的能力就是決定成敗的關鍵。我跟爸爸的第一本書裡就說得很清楚：不改變就等死。

但是，我在這本書中還要再為大家多提供一些工具。我要帶各位看遍世界各地，從外太空到客服中心、從最先進的科技到餐館。有許多趨勢儘管看來十分嚇人，我相信只要願意接受改變，我們就會變得更有彈性韌力，也比較不會擔心畏懼；我們也更能發揮能力，不再怨嘆無能為力；我們要放眼全球緊盯目標，而不是受制於各種外力，愁如龍困淺灘。

真正的關鍵不在於 Scrum 會做到什麼，其實它只是讓我們釋放出自己的強大潛力。大家都有這份潛力，它就在各位心中。它也許是被隱藏起來、也許遭到壓抑，但不會永遠消失。我們人類就是擁有這種力量。我們今天以為世界是這樣的運作方式，等到明天也許就會發現其實並非如此，而是另外一種不同的運作方式。在那一瞬間我們就會發現，自己原來只是透過偏狹的鏡頭在看待世界，其實還有許多我們從未想過的各種可能性。現在，我們突然就可以重新塑造世界的運作方式了，而且我們向來都可以重塑世界。

重點摘要

Scrum是改變可能性的藝術，讓我們適應這個加速變化的世界，釋放我們自己、我們的組織、夥伴或員工的真正能力。不管是要對工作做出個人選擇、為大型跨國企業擬定戰略目標，快速適應能力都是決定命運的關鍵。

失敗挫折雖難免，卻也是無價的經驗教訓。誰該為公司的成敗負責、錢是怎麼花掉或哪個地方出錯，這些都不是那麼重要。最優秀的組織會從錯誤和成功中學習，利用這些經驗教訓進行系統性的改進和調整。

「完美」的必要性被過度高估。一套還不錯又可以順利運作的系統才是好系統，不會動的系統再完美都沒用。

整備清單

■ 熟讀「敏捷」四大價值，再針對自己與組織進行評估。請記住最後那句話：「儘管後者同樣有價值，但我們更重視前者」。

- 「個人與互動」比「流程和工具」更重要
- 「實際運作軟體」（或產品、服務）比「包山包海的文件說明」更重要
- 「客戶合作」比「簽約協商」更重要
- 「回應變化」比「遵循計畫」更重要
- 檢討組織應對失敗的方式。是利用寶貴機會來學習教訓，還是相互指責？

■ 評估自己和組織適應和創新的能力。你可以輕鬆跟上不斷變化的需求和要求嗎？你可以突破局勢，還是等著被時代淘汰？有哪些因素會防礙或提升你的應變能力？

第 2 章

降低成本

　　我的同事喬‧賈斯提斯（Joe Justice）曾經言簡意賅的指出：「Scrum就是在幫我們降低改變想法的成本。」喬主要負責生產機器設備的公司，這些公司製造汽車、火箭、醫療設備和消防隊防護裝備等，反正就是各種東西都做。

　　不過他遇到的問題，不是只有硬體產業才會碰到。各位應該都對下列問題不陌生，例如產品要做到什麼程度、必須具備哪些功能、需要符合哪些高標準、怎麼用合理的成本把東西做出來，還要迅速配合客戶需求並且回應競爭對手的行動。不管各位從事哪一行，大概都會碰到這些問題。

　　在本書中，我會把解決這些問題的實務做法和模式全部攤出來，運用這些方法來解決問題一定比大家想像得還快。不過在深入詳細說明之前，我想先簡單介紹一下Scrum的基礎常識。

Scrum的運作方式

　　下列是Scrum的運作方式。

　　首先，你要了解Scrum只有三種角色：產品負責人（Product Owner）、Scrum大師（Scrum Master）和團隊成

員。沒有業務分析師、技術主管或是資深Scrum大師；就只有以上三種角色組成能夠獨立提供價值的Scrum團隊。「團隊」是Scrum裡最小的組織單位，它要在很短的「衝刺」（Sprint）時期迅速為客戶提供價值。

產品負責人要決定很多事情：團隊要建造或創造的目標、提供哪些服務，或是設計、打造怎樣的流程。產品負責人的資料來自客戶、利害關係人、團隊本身，以及不論團隊做出什麼成果都能獲取價值的人；例如正在努力對抗農作物疾病的烏干達鄉村農民、正在開發自動駕駛汽車的工程師，甚至是進電影院觀看最近上映某部電影的電影迷。產品負責人必須從各種來源吸收資訊，其中有些資訊可能互相矛盾，但他還是得彙整出一套構想讓團隊得以執行。理出這些想法之後就是最困難的部分：產品負責人要按照價值排出各項任務的優先順序，從最有價值的事開始做。Scrum裡沒有所謂的「最優先的幾件事」（priorities），因為我們一次只處理一件優先事項，自然很難取捨，但這就是Scrum的工作方式。

所有工作事項都必須由產品負責人決定優先順序，從價值最高排到最低，並且建立「產品待辦事項清單」（Product Backlog）。這份清單列出團隊可以處理或解決的事

項，而且這些項目可以無限延伸、不斷更動，也能因應客戶的回饋、市場條件、洞察觀點或管理上的不停變化。最終的目的就是要讓「改變」變得更容易。

　　然後，產品負責人在「衝刺規劃」（Sprint Planning）的會議上，向團隊展示產品待辦事項清單，團隊再根據清單決定下一段衝刺要解決哪些問題、可以完成多少工作。請注意，這些要由團隊決定，不是產品負責人或管理階層片面指定。團隊要把產品待辦清單的優先項目拉到「衝刺清單」；產品待辦事項清單可以持續更換輪替，但衝刺清單則是固定不變。衝刺清單上就是你希望團隊專注工作的項目，而且只有下一段衝刺要做的任務才會列在清單上。

　　接著，團隊就要開始賽跑。他們要進行一到四週不等的衝刺，時間的長短要配合團隊狀況選擇最佳的工作節奏。最近，大部分企業都採用為期兩週的衝刺，不過我都推薦客戶以一週為限。原因是Scrum流程中本來就設有回饋的環節，所以我比較喜歡縮短循環週期，才能更迅速掌握狀況。這樣的做法對於銷售、客服支援或財務等團隊尤其重要，因為這些領域都需要迅速的反應能力。

　　然後，還要安排每日Scrum會議，通常稱為「每日立會」（Standup），而且只需要花15分鐘。在這個會議中，團隊必

須報告衝刺目標的工作進度、接下來的24小時內要完成什麼工作，以及即時反映可能妨礙團隊實現目標的任何因素。每日 Scrum 會議不必搞得正經八百，反而應該像是美式足球隊員圍成圓圈互相打氣、商討對策的小組會議，也就是簡短調整規劃的一小段時間。團隊在工作時一定會發現很多資訊，這正是大家分享前一天學到的新知的好機會。這就像一群人出去旅行，一定會先規劃行程路線，上路後，每天吃早餐時也會再查看地圖、天氣，或是確認輪到誰開車，接著才繼續上路。花個15分鐘討論一下，每日 Scrum 會議就結束啦。

現在，輪到 Scrum 大師登場！這個職稱很奇怪，對吧？其實我跟 Scrum 共同創辦人（也就是我爸）遊說了很久，建議改個名字，比方說「教練」。不過他說大家早就叫習慣了，現在要改已經太晚。喔，好吧，反正對於大多數企業，Scrum 大師也是個新角色。他們的工作其實就是幫助團隊更有效率，「速率」（speed）就是他們膜拜的祭壇。

那麼為什麼要付錢叫他們來做這件事呢？因為他們要能讓你的團隊在同樣的時間內創造加倍的價值，那就值回票價了！讓你的團隊跑得更快，絕對比花錢雇用更多人或組成更多團隊來得好。所以，這位 Scrum 大師就是要幫助團隊提升速度（velocity），而產品負責人則是負責把成果變成「價

值」。有些團隊真的很優秀，可以迅速做出成果，可惜那些東西沒人要；再也沒有什麼事情比這個更悲慘。大家還記得手機大廠Nokia吧？他們以前有幾支優秀的Scrum團隊，生產手機的速度非常快，結果iPhone一上市，就沒人想要Nokia手機了。他們原本可是手機市場的支配者，但才短短幾年市場價值就全部歸零。

所以，Scrum大師就像球隊教練一樣，協助團隊保持Scrum流程暢通，排除拖累團隊進度的障礙。這就是他們「每天」唯一的工作。

團隊進行衝刺清單任務的過程中，有時候需要坐下跟產品負責人討論，這個環節叫做「清單修正」（Backlog Refinement）。我認為這個環節就是Scrum的成敗關鍵。產品負責人要利用這段時間為之後的衝刺提供各種好點子，並且和團隊合作將這些構想付諸實行。還要明確決定這些項目有哪些工作必須執行，最重要的是要用什麼標準來判斷項目完成與否。

舉例來說，我常做的一件事就是在部落格上貼文。我可以很輕鬆的說：「我寫完了，可以貼出去囉！」可是真的這樣就完成了嗎？文章還需要編輯、校對，也許還要配張照片或圖片。然後，文章還必須放上網站，要有人按下「張

貼」的按鈕。除非這些事情都能搞定，不然我光是寫一篇部
落格文章也不會產生任何價值。最重要的是，要確保這些工
作都能完成，不光只是做完個人負責的那一小部分。

　　判斷的標準可以很簡單，例如網頁上的圖片；但標準
也有可能很複雜，例如植入性醫療器材團隊的專案，就必須
符合美國聯邦食品暨藥物管理局（FDA）對人體安全的管理
規定。所以，準備工作的重要性再怎樣強調都不為過，做好
十足準備才能讓團隊生產力倍增。原因很簡單：如果工作項
目不明確、品管標準也不清楚，團隊就要浪費許多時間釐清
實際上要做什麼，而且還會常常發現必須等另一個團隊完成
其他部分才能開始工作。

　　衝刺結束後，團隊和產品負責人要進行「衝刺檢視」
（Sprint Review），向利害關係人和客戶展示已經完成的工作
與成果。我要強調，這時要展示的是已經真正「完成」的工
作，不是快要完成、幾乎算是完成的工作，也不是雖然還沒
完成，但已經好努力、好認真、好拚命去做，所以要給一點
掌聲的那種狀況。「已經完成」的工作就是已經完成了。然
後，團隊和產品負責人要從參與會議的人獲取回饋意見：
「我們喜歡這個」「我們不喜歡那個」「這樣做如何？」「我們
現在看到這個，接下來我們真正想要的是……。」產品負

責人要利用這些回饋來重新安排產品待辦事項清單的優先順序，因為這些意見正是客戶真正需求的具體資訊，不是口頭上說說的想像而已。

軟體業界中有一條流傳已久的經驗法則，叫做「韓福瑞定律」（Humphrey's law）：其實大家都不知道自己要什麼，等到看到自己不要的東西，才會知道自己要什麼。你要是叫他們寫下想要的東西，大概可以寫個數千頁沒完沒了，但是等到他們實際看到可以運作的實物，才會真正知道自己原來想要什麼。衝刺檢視的環節就是要展示一些有發表潛力的工作成果。它也許還不到足以正式上線的程度，或者還要完成更多工作才能發揮價值，但就算只是這麼一小塊，也是完完全全「已經完成」的工作，以後都不需要再調動。

衝刺檢視環節中要做的最後一件事就是，衡量團隊在衝刺期間完成的工作量，以及他們創造價值的速度，我們稱為「團隊速度」（Team's Velocity）。這是 Scrum 的重要指標。我們要先了解團隊的速度有多快，才會知道能不能幫他們再加快速度，讓他們跑得更快。

各位要是回顧歷史，肯定會驚訝於一些扭轉未來的關鍵，往往只是無關緊要的小事。這就是俗語說的「少根釘子，王國慘敗」。第一次的衝刺檢視，就是如此攸關大局的小事。

　　當年，第一支Scrum團隊負責的是技術非常複雜的東西，所以不能照常把客戶找來看看團隊在做什麼。那時候我爸爸請來一些麻省理工學院（MIT）的專家。但這群人非常直截了當，不只質疑團隊的能力，還挑出好些基本缺陷和錯誤假設等。團隊因此受到相當大的打擊。我聽說過他們這一天過得非常慘，專家講完意見後，整個團隊垂頭喪氣，直想要放棄。他們都瞪著傑夫說，這種批評我們不能忍受，絕對會信心全失。

　　「好吧！」我爸爸回答：「那你們現在做出選擇，要當個跟大家都一樣的軟體開發團隊，或者想要成為最優秀的軟體開發團隊。我不能幫你們做決定。你們自己選吧！」

　　就在那一刻，這七個人的決定改變了世界，讓你可以讀到這本書，全世界有數百萬人得以使用更好的做事方法。歷史上像這種可以確定哪一天、哪個時候、哪些人做了哪些事的情況可不是太多，但Scrum就是在當時的那一刻誕生。

　　「好！」他們說：「我們再拚一次！」

　　接下來的故事大家都知道。

　　Scrum最後一個環節是「衝刺回顧」（Sprint Retrospective），檢討團隊的合作狀況。衝刺檢視是展示工作成果或提供服務的內容，衝刺回顧則是檢討這些成果或服務如何完成。產品

負責人、Scrum 大師和團隊要坐下來一起討論，確認哪些方面進展順利，哪些方面有待改進，以及團隊希望下一段衝刺該怎麼調整，讓工作變得更好也更快。檢討完以後，下一段衝刺才會開始。衝刺完之後再檢討、改進，不斷重複這樣的過程。

　　這就是 Scrum 的做法。接下來的章節，我要討論這套簡單的架構怎麼改變世界，讓組織和企業不但可以迅速適應變化，而且反過來利用變化的速度拯救企業、事業，甚至是人生。

世界一直在改變

　　常常有人問我：「當然，這聽起來不錯啊。不過在現實世界中怎麼進行呢？」我舉兩個簡單的例子說明 Scrum 實際運作的情況。不過我們先別談那個「現實世界」的奇怪概念；首先我要帶各位到經常白雪皚皚的明尼蘇達州明尼阿波利斯（Minneapolis, Minnesoda）。這裡有個叫做湯姆・歐德（Tom Auld）的人專做老屋翻新再出售，而且他是運用 Scrum 來做。

　　其實整項工程一開始跟平常沒兩樣：湯姆先找到要翻修的房子，預算通常在8 ～ 10萬美元之間。然後他找來自己的團隊成員，也就是工班師傅、鉛管工、水電師傅還有木匠。這些工班師傅可以自由選擇合作對象，但他們都喜歡跟湯姆一起工作。

　　湯姆和團隊會先檢查房子，討論應該翻修哪些地方才能讓房子更好賣。在這過程中，他們會擬定待辦事項清單，而且就掛在屋裡的牆上；清單主要分成三個欄位：「待辦」、「進行中」和「已完成」，用便利貼標明必須執行的項目（Scrum團隊使用「狠黏」的那款便利貼）。團隊還會討論每個項目包含哪些工作（也許是要拆除哪一面牆，或者是哪個部分的地板要重鋪），並且達成共識工作成果要符合哪些條件，便利貼才能從「待辦」的欄位向後移，最後移到「已完成」的欄位。當大家都很清楚要做哪些事、要耗費多少精力處理，接下來就可以開始工作。

　　他們把工程分成六段衝刺，每段衝刺耗時一週。通常最剛開始會先進行拆除工作。接著，平均花費兩段衝刺的時間來處理水電、管線和房屋結構的工程，再花數週進行更多翻修改建，最後一段衝刺用來收尾完工。湯姆和團隊每週都會先聚在一起規劃當週衝刺的工作，確認過每項工作任務的

完工定義才開始工作。團隊每天都會查看待辦清單，共同決定該如何處理清單上的工作項目，才能達成當週設定的目標。當然，他們的工作牽涉不同的專業領域，但是他們都知道成敗是整個團隊的事。一週結束時，湯姆會到場和團隊進行衝刺檢視，他們會一起邊走邊檢視整棟房子，確認哪些工作已經完成、哪些還沒完成，以及這段衝刺的成果對下段衝刺會有什麼影響。也許他們拆了哪面牆之後（這是房屋整修時的常見做法）才發現原本以為很容易的工程其實有難度，例如浣熊家族在牆裡築巢定居，或是水電管線的配置不符規定。總之什麼狀況都會有。確認過完工的項目之後，湯姆就會發放當週的工資。一般來說，這種發包的工程在全部完工之前都拿不到酬勞，而且很多客戶付錢的時候也是能拖就拖，但湯姆堅持團隊在創造價值的同時就該拿到報酬。

　　衝刺檢視不只是檢查完工的項目，也會影響到團隊能在剩餘的專案時程內完成多少工作。湯姆的工程都會先設定好預算，所以如果工程看起來比原先預定的還要花錢，團隊就必須決定縮小整修規模。例如飯廳加裝腰壁板雖然很棒，但預算超支就得取消。Scrum團隊就像這樣能夠根據實際情況即時調整工作，不會盲目遵循原訂計畫而搞得費用過度膨脹。

　　每週的衝刺檢視之後，大家都會坐下來討論如何合作。水電師傅和木工師傅該怎麼協調下週的工作，工作才能更加順利；要是出現難以避免的「依賴」狀況，是否有更好的方法可以解決。「依賴」的狀況是指我們必須等待某人或某事先完成才能繼續前進。比方說：「喔，這部分要等家得寶（Home Depot）先過來施工。」或是「他要先完成他的部分，我才能繼續接下來的工作。」團隊會根據他們從當週狀況學到的教訓調整接下來的行動，針對目前專案的實際變化作出回應。雖然房子都差不多，但是每棟房屋總會有一些不太一樣的工作狀況。

　　湯姆的角色就是產品負責人，所以必須承擔許多責任。他要選擇最有賺頭的房子來翻新；他要根據商業價值安排整修工程的優先順序：也許浴室廁所要重做，或是廚房要拆掉，但怎麼做才會更有價值就是由他決定。每天工作結束時，湯姆都要過來看看，工作是否完成只有他能決定。所以整個翻新工程的收入能否增加，就是靠他疊代（iteratively）回應變化。他的工班團隊非常欣賞如此清晰明確的工作狀況，不必事後才忙著補救缺漏，而且也都能準時、定期獲得報酬。優秀的工班大家都搶著邀約，但他們最常選擇跟湯姆合作，關鍵不在於工作內容，而是整個工程的組織和安排。

　　我要強調，工作要一次搞定，減少後續再來修修補補，這一點非常重要。房屋翻修改建的工程有時候耗費的時間和材料都很高，有些古董木工的修復工法更是非常複雜，需要技術很好的手工師傅和昂貴木料。但你要是先做出一小部分，例如讓客戶先看看奢華的頂冠裝飾板條的一部分，這時候只需要投入一點點時間和金錢。客戶看完也許會說：「你知道，我原本堅持要用橡木，但是現在看完之後，決定改用桃花心木。」要是你把整間房子的地板都舖完，客戶才說要改，那可就人仰馬翻啦！像這樣分段確認的方法，就可以降低改變主意的成本。你可以迅速回應工作狀況（像是那窩浣熊家族），也能即時回應客戶的意見。

　　我們知道工作都會出現變化，我們也知道，客戶一旦看到實際的成果，就會突然改變主意（請記住韓福瑞定律）。Scrum 不會反制那些不可避免的變化，而是擁抱變化。當碰上大型專案，有時候整個組織會卯起來抗拒改變。他們會要求變更之前要先申請、還會設立變更控制委員會來管制變更調整。但我們知道狀況總是一變再變，所以他們花錢幹這種事，只是更加讓客戶得不到想要的東西。

不拼命，就滾蛋

　　我再舉個例子，這家公司的規模更大，但狀況也是完全一樣。各位都知道3M這家公司，他們的產品包羅萬象，從便利貼、防毒面具、道路標線膠布、車窗隔熱貼、牙醫設備到醫療保健軟體，可說應有盡有。2017年，3M的營收是300億美元，生意做遍全球。各位今天說不定就用過3M的產品。

　　2017年3月，我在聖保羅為3M幾個部門的人上訓練課程，有一位叫馬克‧安德森（Mark Anderson）的經理表現出類拔萃。他表明不能透露工作內容，但他問我以前有沒有人用Scrum處理過併購。我很坦白的跟他說，我不知道以前有沒有相關案例，但我認為應該可行。

　　後來，過了幾個禮拜，我突然看到一則新聞：

　　3M（紐約證券交易所股票代碼：MMM）今天宣布與江森自控（Johnson Controls）達成最後協議，3M將以20億美元收購江森自控旗下的史考特安全器材公司（Scott Safety）。史考特安全器材公司是

幾項創新產品的重要廠商，包括自動供給式空氣
呼吸器（SCBA）、瓦斯與火焰偵測器以及其他安
全設備，可以強化3M在個人用安全器材方面的產
品組合。

「20億美元可是一筆大錢啊！」我再次見到馬克時跟他
說。他說這是3M創立100多年以來規模第二大的併購案，
公司不久前叫他負責協調整合的工作。我笑著跟他說：「不
必勉強，細節不說無妨。」但他透露要採用Scrum來做，到
時候方便的話，他會告訴我後來的運作狀況。

各位如果沒做過併購案，我可以跟大家報告，併購的
整合工作非常困難，更別說是規模如此龐大的併購案。這裡
頭要處理許多營運上的問題，還有銷售、薪資、人力資源、
流程控管、行銷、財務和研發。根據我的經驗，通常最麻煩
的是企業文化上的整合，要把已經有特定企業文化的新單位
帶入新的母公司絕非易事。尤其當雙方在文化上各有理念，
更是嚴峻的挑戰。3M具備卓越的工程文化，而且已經有持
續好幾個世代的歷史。許多人的生命得仰賴3M的產品，每
一個細節都不能出錯。史考特安全器材公司也有類似的理
念，他們生產的消防隊呼吸防護具、熱感測器和其他安全裝

備，也都要發揮正常功能，萬萬不容兒戲。

到了2017年底，馬克打電話過來說他不但順利完成任務，還特別強調要是按照傳統方式恐怕就不會這麼成功。我們Scrum領域的人把專案管理的傳統方式稱為「瀑布法」（waterfall），也就是在工作開始之前，先把整個專案要處理的項目全部畫出來。因此，大家要收集所有可能的各式各樣的需求，有時候可能高達幾千項需求。我看過各部門送來的要求文件，列印後疊起來有好幾英尺高。大家都在上頭簽名，彷彿每個人都仔細看過、也都同意，然後專案管理團隊把工作細分成幾個階段。他們會說：「要先做這個部分。」「這要花兩週時間。」然後在甘特圖（Gantt chart）最上頭畫一個長條。「接著下一階段我們要做這個；這要花兩個月。」然後他們在第一個長條的右下方又畫一個長條。就這樣不斷畫下去，整張圖就像一道美麗的瀑布。

甘特圖以顏色區別工作任務，可以畫出幾個月甚至數年的長度，我曾看過一英尺高、數公尺長的甘特圖，真是澎湃盛大，還畫得很漂亮，根本就是藝術品。但是這些甘特圖永遠都是錯的，永遠！因為事情絕對不會按照計畫來，絕對不會。工作執行過程總會出現一些狀況，所以那些規劃好的長條圖就要一直塗塗改改；而且工作絕對不會準時完成，於

是專案延遲，那些甘特圖就出錯啦。可是，圖表「不能」有錯，所以他們花錢請人專門來畫圖表，以求圖表與現實相符，當現實狀況一有變化，圖表就要馬上修改。這其實是常見的人類缺陷：以為只要思考周慮，就能排除所有錯誤。這叫做「控制的幻覺」（illusion of control）。

「但Scrum允許我們改變策略、可以邊做邊學習，甚至專案尾聲都還是有辦法抓住新機會。」馬克說。他表示變化無可避免，但伴隨而來的既有風險也有機會，關鍵在於團隊可以迅速做出回應和調整。

那他們是怎麼做的呢？首先，他們把大家的待辦事項彙整成清單；接著，判斷需要哪些領域的專家才能完成工作；然後，組成跨職能的產品負責人團隊，包含財務、研發、銷售、行銷和人力資源等領域專才。這些產品負責人各自帶領的團隊要互相協調、整合，才能讓史考特安全器材公司順利成為3M的一部分。

這些產品負責人各自有一支自己的團隊，甚至是幾支團隊組成的團隊。馬克說，雖然整個Scrum的運作未臻完善，只有資訊和研發部門從頭執行到尾，不過高層的協調配合非常重要。最重要的關鍵是什麼呢？那些產品負責人必須不停討論、協調、分享資訊，以及互相協助，同心協力，獲

得新資訊後必須馬上調整待辦事項清單的優先順序。比方說，如果財務部門需要薪資資料，整合過的產品待辦清單就會出現這項任務，每個團隊都會知道自己需要做些什麼，才能完成這項工作。

　　六個月，這是他們當初必須完成任務的時間。所以每個人都擬好自己的最高目標和工作項目，然後大家從整合過的待辦事項清單中提取自己要做的每週項目，分頭努力。

　　他們也是設定每週一段衝刺期。每週三大家一起檢查待辦清單，確定下一段衝刺的優先工作項目，估算完成衝刺目標的工作量，然後就開始衝。不過他們沒有完全按照我教的方式來做Scrum，他們不是每天開立會，而是每週只做3次，每次也是15分鐘。所以他們會在週五開第一次立會討論，隔週一再開一次，最後週三開會討論下週工作計畫之前，再開立會檢視實際上完成的工作，而不只是口頭上說完成多少工作。

　　馬克說這套方法的影響真的很大。首先是透明度：隨時都能看到大家努力的狀況，任何時候資訊都是一清二楚、毫無疑慮，因為團隊公開透明，也不斷發布新資訊。他還說，因為大家都專注提升速度，不只是希望完成工作而已，速度也因此加快了。

他也說，他們當然還有一些問題，例如衝刺回顧時不夠認真，要是當時再注意一點，必定可以有所改善。但是因為整個專案進行的透明度很高，所以哪些部分出現延遲，大家都會看到。

所以結果如何呢？併購完成的第一天，所有經理都各就各位，員工也知道要向誰報告。財務部門已經準備好，可以馬上開工，沒有出現預測上的差異而造成混亂，一切都上了軌道而且公開透明。公司在全球各地的業務如常啟動，指示明確，人力資源政策也非常清晰明白。儘管這項併購專案規模如此之大、牽涉範圍異常複雜，不過兩家公司已經精確無誤的整合在一起。3M引以自豪的不斷創新，不只是在產品，還有它的運作方式。據我所知，這是Scrum第一次用來處理幾十億美元的企業併購案，而且也成功了！

馬克還說了一件事，特別引起我的關注。他說整合進行一段時日後，在專案後期他們發現三個市場機會，如果他們迅速採取行動就可以抓住機會，而且馬上就能產生財務效益。所以他們就出手了。他們放棄原本規劃的一些工作，改變進行的項目，充分利用掌握到的資訊。

3M是以協同合作為榮的企業。敏捷管理的理念跟公司

文化特別速配，所以我聽說這家公司早就採用 Scrum 來進行各式各樣的專案。而且 3M 裡頭的人也會告訴你，Scrum 會促進「敏捷」思考。

就連改變也一直在變

不管各位是要進行老屋翻新，或是整合幾十億美元的企業併購，Scrum 的威力就是讓我們因應變化的成本變得更便宜。我們都知道狀況一定會有變化，但問題是，你要抗拒這種變化，還是主動去駕馭變化？

史丹迪士集團的研究指出，不管進行什麼專案，67％的需求都會在開發過程中發生變化。為什麼？因為大家都是邊做邊學，我們不管在做什麼，總是會發現一些原本以為非常重要的事其實不太重要。然後我們也會了解到，儘管客戶提出要求甚至還簽了約，其實他們真的不知道自己想要什麼，而且市場也會變化、世界也會變化。

你並不是為了做出沒人想要的東西而踏入職場，而且沒有人會懷抱這種目標。我們都想創造出很棒的東西、超讚的服務、很厲害的產品還有讓人驚嘆的新事物。可是我們建

立的制度明明是為了保障我們學習的機會，最終只讓我們看見錯誤的未來想像；那些制度會保護自尊、維護名譽，但在這樣的世界中我們什麼也搞不定。你也許很拚命，卻什麼也做不好。因為我們的組織僵化了，所以它什麼也做不到。我們只是努力搞出一大堆文件、研究、圖表和小組討論，想方設法堅持自己是對的。

可是我們大錯特錯、錯得離譜。當我們對自己愈來愈了解，知道自己的能耐、了解客戶和周遭環境，就知道一定要跟著改變。

整個的重點就在於快速、便宜而且有趣的進行改變。如果沒辦法做到這樣，那就是你做得不對！

重點摘要

請記住韓福瑞定律。你無法抵抗這個法則,但你可以利用它。要是大家在看到自己不想要的東西之前,不會知道自己想要什麼,你就得加快回應的速度,迅速調整腳步。

謊言與「瀑布」。降低風險並且提升成功的機會,這原本是傳統專案管理或者說是瀑布法帶來的承諾。問題是,這種方法根本沒用。事前規劃得再仔細,也必定忽略難以避免的事實:意外總是會發生,沒有例外。各位有看過正確無誤的甘特圖嗎?

Scrum 的「3-5-3」。Scrum只有三種角色:產品負責人、Scrum大師和團隊成員;Scrum有五項活動:衝刺規劃、衝刺、每日Scrum、衝刺檢視和衝刺回顧;還有三大要件:產品待辦事項清單、衝刺清單以及團隊每段衝刺增加的產品成果。這些都不複雜,但需要紀律來維持。

整備清單

- 在你的公司採用Scrum的「3-5-3」。
- 誰負責排定優先順序？
- 誰當教練？
- 實際工作由哪些人執行？
- 建立產品待辦事項清單。
- 規劃第一段衝刺。
- 開始！
- 在每日立會進行協調與調整規劃。
- 衝刺結束後必須提出已完成的成果。
- 檢討哪些方面進展順利、哪些還可以再改善，決定下次該怎麼做才能更好。
- 重複以上過程。

第 **3** 章

加速決策

你碰到一個問題，這是你剛發現的問題。

這可能是任何狀況。也許你正在構建某個東西，卻發現整套設計都必須變更；也許是你規劃工作時突然發現意料之外的狀況，於是你必須決定接下來要怎麼做。應該先處理那個緊急狀況嗎？還是再等一會兒，先處理以後會變得很有價值的重要事項？

這就像是艾森豪總統（Dwight D. Eisenhower）著名的決策四象限（decision quadrant），他是根據重要性和緊急程度來排序工作：

表1

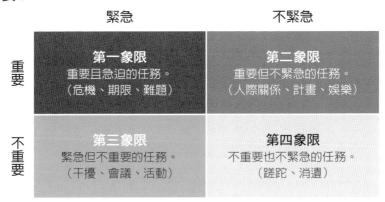

	緊急	不緊急
重要	**第一象限** 重要且急迫的任務。 （危機、期限、難題）	**第二象限** 重要但不緊急的任務。 （人際關係、計畫、娛樂）
不重要	**第三象限** 緊急但不重要的任務。 （干擾、會議、活動）	**第四象限** 不重要也不緊急的任務。 （蹉跎、消遣）

　　所以現在你卡住了，必須先決定剛剛碰上的難題屬於哪個象限。

　　你必須先跟誰聯絡嗎？你必須等委員會開會才能決定？大家的行程都塞滿了，你無法在今天做出決定，也許要拖到明天，搞不好是後天？問題拖下去會衍生多少成本？

決策延遲

　　幾年前，史丹迪士集團創辦人兼董事長吉姆・強森（Jim Johnson）發覺這個問題很有趣。史丹迪士集團主要透過訪談、焦點小組（focus group）和調查，研究世界各地怎麼做專案。他們從1985年到現在一直在做這項研究，調查過成千上萬個專案，定期發布「CHAOS」報告，裡頭會有各式各樣關於專案成功與失敗的有趣資料。

　　跨國專案採用敏捷管理的狀況是這樣的（見圖1）：敏捷專案（大多數都是以Scrum完成）的失敗率甚至不到傳統專案的一半，而且成功率更高。這是無可動搖的事實。

　　不過我們明白的說，並不是每個敏捷專案就一定會順利完成。Scrum公司（Scrum Inc.）和吉姆一直在研究，為什

圖1

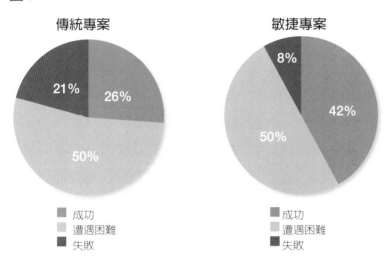

平均來說，敏捷專案的成功率是42%，傳統專案成功率只有26%。

麼還有50％的敏捷專案最後會出問題、時程延誤、超出預算或者讓客戶不滿意。

這些專案失敗的根本原因是什麼？為什麼Scrum專案會更容易成功？有一天吉姆採訪一位幾年前在麻薩諸塞州政府領導採購部門的主管，才發現問題出在哪裡。

「他說他以前在波士頓市政廳工作，」吉姆說：「要先獲得副市長的決定才能進行某項專案。那時候總共有60家包商在等這個決定。結果60人在那兒耗了6週，什麼也做不

了。做個決定就得拖那麼久。」

　　吉姆很震驚，這件事實在太離奇。所以他開始在研究中加入一道問題：「你做決策有多快？」當他研究那些出問題的專案，才發現這種狀況一點也不離奇，反而很常見。那些失敗的專案中，很多人根本沒有做出決策。他覺得最奇怪的是，那些決策大多數並不特別複雜或困難，往往只是尋常可見的決策而已。但就是不斷拖延，猶豫不決！

　　他提出這個問題以後一再發現同樣的狀況，所以他開始進行基準測試，測量人們在做專案時，得花多久才能做出決策。畢竟不管是什麼專案，我們都要做很多決定。

　　「結果，」吉姆說：「數據顯示我們在專案中大概每花1000美元就要做一次決策；所以100萬美元的專案，大概就要做出1000個決策。」這樣算下來，決策數量很快升高。而且決策花費時間愈長，成本也就愈高，這是根據愛因斯坦廣義相對論的完美推理：時間不但是空間，時間更是金錢！所以吉姆想出一個衡量標準，來計算確定需要做決定到實際做出決定總共花了多少時間。這個衡量標準稱為「決策延遲」（decision latency）。然後，他把這些數據和專案的成敗做比對。他研究全球幾百項專案，結果發現，狀況比我們想像得還要嚴重。

圖2

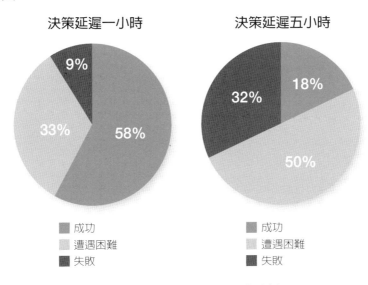

史丹迪士集團　2013 ～ 2017年資料

　　如圖2所示，比對彙整幾百項專案後發現，能夠在一小時以內迅速做出決策的專案，成功率高達58％（而且是在預算之內準時完成）。但要是決策耗時超過五個小時，成功率就會大幅下降到只剩18％。而且不過是五個小時，就有如此大的差異。

　　不過，吉姆可是拖了一年才公布這項研究，因為結果實在太驚人，也因此他在研究報告出版之前，就在一些商學

院和研討會上發表。

「大家的反應非常有趣呢！」吉姆回憶道：「起初大家都說，『不會吧？這怎麼可能！這不會是最主要的失敗原因啊。』後來他們又想了一會兒才承認：『你可能說得沒錯！』」

而且最奧妙的是：這些遭到延遲的決策，其實大都是小事或是很簡單的決定。但是，當組織僵化、階層分明，整個決策流程從基層送到高層再轉回來，可能就要花很長一段時間。

我們以前合作過一家跨國汽車大廠，決策採用的是日本常見的「稟議制」（ringi）。這個制度講求讓管理階層對於要做什麼決策先有共識，一旦有人提出議案，就會傳送到決策圈公告周知；等到大家都同意而且高層領導也簽字認可後，才能做出決定。這套方法的關鍵在於，先在幕後悄悄運作來達成共識，之後的提案就能順利進行。日本人說這套做法叫「根回」nemawashi，原本的意思是樹木移植之前要先把根鬚修一修。

但是讓我告訴各位，這套做法有多讓人心灰意冷。假設你在美國一家汽車廠工作，準備花錢買一些東西，例如添購某樣新設備。這筆錢雖然已經編入年度預算，也分配好要

作為添購新設備的資金，你還是要先寫一份提案，而且是書面報告。這份採購報告你要寫得很詳細，而且說明清晰有力，上頭才會知道為什麼要花這筆錢。還要附上所有必要的會計數字：總共要花多少錢、錢從哪裡撥下來、最後要付款給誰；當然這些資料也都要在書面報告上詳明。然後，你還要進行環保審查：新機器需要多少電力、有沒有氣體或汙水排放的問題。所有的項目都要白紙黑字寫清楚，而這些文件就叫做「稟議」。

然後，提案必須獲得批准，於是首先得送交中央規劃小組審查。但是就像某位工程師跟我說的那樣：「他們要先做檢查，檢查一大堆我們根本不了解的東西。」然後這個中央規畫小組可能會駁回提案，要我們再做修改，如果都沒有問題才會批准。

如果提案獲准，文件上頭就會有一堆簽名。書面提案嘛，所以是親筆簽名。首先是提案人的主管簽名，然後是高階主管、部門經理、總經理，接著可能是副總裁。啊，還有中央規劃小組的經理、資深經理、集團經理、總經理和副總裁也都要簽名。因為這是在製造工廠，也許還要送交工安部門的主管簽字。

這樣還沒簽完喔。這個上頭簽了一堆名字的提案報

告，再來要移交財務部門，然後又是一連串的簽名批准。要是跟資訊部門也有關係，那麼資訊部門的總經理和副總裁桌上也都會出現這份提案。如果這項提案的規模夠大、夠重要，大概整批文件還要送到企業總部，在各個相關部門之間周遊列國、層層審批。

　　我採訪的工程師只是要做個小專案，金額只有六位數，這樣就需要大概35位主管簽名，而且都是親筆簽在那份紙本文件上（這還不算多，有些提案報告上頭簽了50幾個人的名字）。這樣的流程就要跑四、五個月，甚至更久。現在，他們的採購案甚至還要先做一個前置提案，才能讓公司先撥點錢下來做車輛開發（但這些錢其實早就已經編入預算）。

　　後來，公司指派一個小組進行改革，要讓整套流程自動化。他們很自然就採用Scrum來做。目標是什麼呢？擺脫紙本文件。要讓紙本文件在許多主管之間轉來轉去，對我們來說簡直慢得要死！同時他們也要讓中央規畫小組的一些審查作業自動化。

　　這會帶來兩個好處。首先，整個過程一清二楚。原先那套作業方式，大家都不知道文件到底躺在誰的桌上，所以也沒人知道事情到底進展到什麼程度。流程快跑完了嗎？還

是只到一半？是不是因為我們不知道的某個原因，已經被某個人叫停了？現在，這些困惑都不會再出現！其次，如果是跟過去類似的提案，你得先找到當時的承辦人，希望他還保留整份紙本卷宗（可能有也可能沒有），你才能再複製一份。檔案數位化以後，至少就能找到獲得批准的提案報告，要複製也不是問題。

由於設置這麼多層級關卡，簽核文件的人常常都不是最後做決策的人。然而決策有各式各樣的範疇，有些屬於技術層面、有些可能是業務方面，有些或許涉及人事和人資；有些決策也許很重要，也會有些決策沒那麼重要。既然有各種不同的決策，就應該由相關領域的人來做決定。畢竟碰上問題需要做決定的時候，你一定希望是由知道最多、了解最深入的人來負責。

「Scrum的做法就是乾淨俐落，可以讓團隊自己做決策。」吉姆說：「如果採用Scrum，決策只要經過兩層：產品負責人和團隊，所以決策比較少牽扯到利害關係人和管理階層。」

關鍵就在這裡！只有真正掌握最多資訊、了解最深入的人才能做決定。這也是整個團隊作業可以加快速度的原因。如果做個決定要花五個小時以上，八成就是要層層請

示、逐級批准。

　　我們設定的目標就是一個小時，決策就是要這麼快。凡事都要等委員會才能做決定，簡直是找死。那麼我們要怎麼加快決策的速度呢？

你參加的會議有效率嗎？

　　現在，你需要做決策，所以你決定先開個會。假設這場會議有20人參加，需要一小時才能做出決定。你可以算出這個決定要花多少錢。而且這還只是時間而已，光那一個小時到底值多少錢。然後各位再想想，你每個禮拜開了多少根本沒意義的會議。

　　我有位朋友以前在常春藤盟校工作。他說有時候走進會議室都不知道自己在那裡做什麼。而且就算他知道為什麼要參加會議，會也是開得沒完沒了。這些會議的成本其實都算得出來，每場會議大概花費1000美元，然後他每個星期要開10 ～ 15次的會議。你看這些金額加起來有多少。

　　但實際上更嚴重的問題是：會議中做的決定還是會被推翻。根據史丹迪士集團資料顯示，開會中做的決定被推翻

的比例竟然超過40％！比方說，這次會議做了一個決定，而下次會議在一週以後。所以這次開完會，大家根據決策結果開始執行工作。結果到了下次會議，大家又改變主意、做出新的決定。結果所有人不但浪費掉一週，還都在做白工。這就像是挖個洞之後又把它填起來，根本毫無意義！

　　根據史丹迪士集團的研究，會出現這種情況有兩個原因：參加會議的人和沒有參加會議的人。真正去開會的人當中，其實是嗓門最大的人在做決定；他會逼大家做出他想要的決定。等到會議結束，大家回到辦公室才覺得：「哎呀！我現在想到那個決定真是不敢苟同，下週開會絕對要提出覆議！」

　　還有那些沒去開會的人，也許他們應該去開會但沒去，或是覺得自己也應該到場。這些人會覺得這件事怎麼沒先問我呢？這下可好，下次開會他們一定會出席發表高見。

　　吉姆・強森說，很多專案就是這樣一天腐敗一點點。每天拖延一下子，於是敗象漸露。每天只是浪費一點時間，就緩緩走向災難。

先決定要做什麼決定

　　Scrum就是要揭露那些讓你變慢的問題，把障礙攤在陽光下，讓你知道問題出在哪裡。隨著衝刺一段接一段的進行，問題會不斷出現，團隊當然希望這些問題可以解決，當然有些人會開始說Scrum才是最大問題。但是問題始終都還是存在。

　　最麻煩的問題是問題有許許多多不同的類型。而解決這些問題的辦法當然不在總公司管理階層的主管身上，而是在實際跟客戶直接接觸的人，也就是所謂的「節點」（nodes）上。那些逐漸升官往上爬的人，距離第一線工作愈來愈遙遠，通常卻更加相信自己的解決辦法最好。

　　未來工業（Mirai Industry Company）是推動決策的精彩案例。這家公司製造電氣設備材料，包括開關盒、電纜、管線等。他們跟大多數日本公司不一樣，從來不採用稟議制。未來工業的創辦人是山田昭男，在2014年去世前長期擔任執行長，他認為稟議那一套做法相當荒謬，所以從不採行。他這樣跟員工說：「就按照你們認為最好的方式來工作，讓親自執行工作的人來負責。」山田昭男在著作《員工最愛

的幸福企業》（*The Happiest Company to Work For*）中寫道：
「我是笨蛋啊！所以怎麼會是由我來判斷？」他常常是在看
到員工遞出的新名片，才知道自己的公司又在日本的哪個地
方開設新的銷售點。租下大樓辦公室、聘用新員工開始培
訓，這些都由員工自己決定。他說，要是這些事情不授權給
大家自己做決定，那麼員工一定要花很多力氣說服老闆，因
為老闆對這些事情根本就不了解。

　　但是，在大多數公司裡，老闆都堅持員工一定要匯報
所有狀況，好讓他做出最後裁決。結果，做決定的人就是最
狀況外的人。而且，老闆擔心沒有足夠資訊，於是要求大家
提供更多資訊。整個系統因此遭到延誤。然後，老闆又害怕
犯錯，於是召集委員會一起承擔決策責任。

　　我知道有一家大銀行設置一個超過40人的委員會專門
控管風險，不管是什麼提案，都要先經過這個委員會的批
准。他們會在電話會議上爭論好幾個小時、吵個沒完，所有
人都心力交瘁。等到做出決定的時候，早就搞不清楚到底是
誰的想法，也不曉得是要解決什麼問題。即使到最後證實做
錯決策，也沒有人會被追究責任。這個委員會其實只是為了
保護銀行而設置，因為這家銀行過去曾經做出一些草率的決
定，遭到政府罰款好幾千萬美元。為了根絕這種狀況，他們

安排所有重要的主管組成委員會，做給主管機關看：「我們
的高層領導團隊現在會確保公司不會再犯錯啦！」然而現在
這個風險委員會不只會阻止錯誤的決定，還會阻擋掉所有的
決定。他們一拖就要好幾個月，而且這幾十個人搞到最後終
於做出決定時，所有人都認為既然已經投入這麼多政治資
本，保證這絕不是錯誤的決定，而且一點都不會有錯；有這
麼多聰明的高層花費這麼多心力做決策一定不會出問題，所
以如果真的出錯，問題一定出在沒有按照決策做事的討厭鬼
身上！然而，這種風險委員會如今在金融界很常見，想來真
是悲哀。

　　其實，問題在於控制功能（control functions）常常變來
變去，原本定義非常精確的職權範圍很快就會擴大，超出原
本的界線。這些人也都不是壞人，但是他們建立一套決策控
制系統，爭取到大家的信任，卻不只會減慢速度，還保證那
些決策都會出錯，因為他們做出決定的時候早就事過境遷！
在延宕不決的那幾天或幾個星期裡，那些問題已經以某種方
式被處理過了。沒做決定，其實就是一種決定。

在這裡不適用？

　　我常聽到質疑Scrum的人說：「我們這裡比較複雜，很難預測，所以Scrum在這裡不適用。叫團隊自己做決定，這種方式太難啦！」老實說，我真是無法理解，如果那些專案真的那麼特殊，他們為什麼堅信傳統管理方法可以搞定呢？也有人會說，這套方法可以用在軟體開發上，但是我們這個領域可是超級複雜，比軟體開發困難多了，一定不適用。

　　我常常為大眾開班授課，有趣的是各式各樣的人都會來參加，從銀行家、製造商、出版商、生物製藥業員工，到各種研究人員、服務業者、教育工作者以及非營利組織工作人員等。上課的學員來自各行各業、具備各種專業知識，從事各種不同的職位角色。

　　各位如果同樣心存疑慮，我現在要分享某位先生採用Scrum的經驗，他那個領域風險超高、變化更快速，而且應該比你更沒有犯錯的空間。

　　幾年前，美國海軍指揮官強恩・哈瑟（Jon Haase）打電話給我，說他最近要帶領一個光是簡稱就很長的單位EODMU2（Explosive Ordnance Disposal Mobile Unit 2，全名

為「爆裂物處理機動二隊」），他想在部隊裡實施 Scrum。
這是地表最難搞的工作環境，但他不但想要加快速度，而且
要做得又快又好。

　　爆裂物處理單位是美國特種部隊中最小的單位，只有
幾千人。但他們必須在全世界任何地方、任何環境當中，和
其他軍事單位一起部署。他們的任務就是將所有爆裂物摧毀
或讓它們失效，例如地雷和炮彈，以及在伊拉克等地聲名狼
藉的路邊炸彈等土製炸彈。他們可能在陸地、也可能在水下
工作，還要搞定全世界最危險的武器，例如核武或生化武
器。他們當然還有其他任務，只是全都是機密。

　　這是美軍最嚴苛的部隊之一，而哈瑟決定採用 Scrum 帶
領部隊。考量到他的工作性質，哈瑟應該很少能接受採訪。
不過我還是寄給他一份問卷，請教 12 個關於 Scrum 與相關
工作的問題。後來他獲准透過電子郵件回答其中的 9 個問
題。為了維持真實性，以下我直接分享他寄來的電子郵件，
回信一開頭就是免責聲明：

　　　以下為個人看法，不代表海軍遠征作戰司令部、
　　　海軍部、國防部與美國政府的觀點。

問：你第一次聽說 Scrum 是在什麼時候？

我是在準備艦長代理（command tour）資格升等時才聽說 Scrum。當時我找了幾位導師諮詢，整理出一份閱讀清單，裡頭涵蓋許多主題的書籍，從領導、管理到溝通和情緒智商等都有；我就是在那個過程中發現 Scrum。後來我很認真閱讀《SCRUM：用一半的時間做兩倍的事》。所以大概是從兩年前，我開始學習敏捷管理和整套 Scrum 的架構。

問：為什麼你想在爆裂物處理部隊實施 Scrum？

我們不會一下子就做出決定，而是盡可能的嘗試和做實驗。這些實驗必須符合某些條件。首先，成本要少，風險一定要很低。而且實驗必須屬於暫時性質，要是實驗不成功也要可以恢復原狀。最後，一定要有一些我們可以監控衡量的指標，才能確定實驗是否達成預期結果。

Scrum 這套方法滿足所有條件。

要開始做實驗不必額外花錢；實施 Scrum 的風險也很低；這套做法屬於暫時性質，萬一不成功還可

以從頭來過；而且它還有速度等指標可用來評估
效益。透過「團隊速度」這項指標，每週的生產
力都可以衡量、可以追蹤。

問：這套方法是怎麼建構起來？你是怎麼安排的？
我們按照角色、活動和事件來建構整套 Scrum。產
品負責人由指揮官擔任，Scrum 大師是執行長，其
餘的重要幕僚成員就是 Scrum 團隊。隨著工作推
展，我們對於每位成員要提供的成果和服務都更
加了解，團隊組成也漸漸出現變化。

問：有什麼立即展現的成果嗎？
團隊速度原本每天只有 4 分，開始穩定提升到每天
50 分。最直接的成果是團隊之間的溝通改善了，
優先排序更加清晰明確，很多任務也都如期完成。

問：影響最大的部分有哪些？為什麼？
影響最大的部分是要確定所有活動的目標和待辦
事項。過去有許多活動其實只能說是軍中慣例，
但是從 Scrum 的角度來看，就是缺乏目標，而且工

作項目也不夠清楚。

時間箱（Timeboxing）也成為日常生活中很重要的一部分。

我們發現時間箱與理解事件目標非常重要，因為每次團隊碰面時，我們都能根據互相理解且深思熟慮的共同目標衡量出團隊效益。這讓我們的工作更加專注，而且是專注在那些有意義的工作上。

問：你能舉例說明過去做不到但採用 Scrum 就能做到的事嗎？

身為領導者，我會更注意自己的行動對團隊的影響。藉由嚴格的回顧機制，我就會知道自己的行為對於團隊幸福感（Team Happiness）將產生什麼影響。

舉例來說，我在某段衝刺要求團隊達成一項特定目標，但這個目標並非那段衝刺的優先事項。所以在回顧時我詢問團隊的意見，他們也坦承團隊幸福感因為我的行為而急劇下降。如果不是採行 Scrum，團隊絕對難以提供回饋，我永遠不會知道自己的行為造成什麼後果。

問：有哪些部分比較困難？有什麼地方需要改進？

要說服團隊完成必須進行的所有衝刺活動並不簡單。大家雖然都能接受每日 Scrum，但還是認為開會做清單修正和回顧太花時間，這些活動不一定能獲得贊同。不過團隊漸漸發現這些活動的效果，像是清晰完備的待辦清單、團隊幸福感提升或是回顧時能不斷改進建議，所以後來大家也愈來愈認可這些活動。

問：在衝刺階段中，你們是在何時、何地進行各項活動？

衝刺從週一早上開始，連隊各排同時進行週會。這讓指揮部的所有團隊都能提供回饋意見。

從這裡開始進入衝刺規劃，可以把剛剛收到的回饋納入衝刺規劃。衝刺規劃完成後，我們會在每日 Scrum 討論如何開始工作；這些活動都在會議室完成。

我們團隊的 Scrum 板就放在舉行每日 Scrum 的會議室，指揮部的任何人都可以查看。星期三下午我們會聚在一起，在 Scrum 板前面進行清單修正，討

論和排定工作的優先順序。星期五我們召開全員
大會，向所有水兵展示已經完成的工作，這就是
我們的衝刺檢視。星期五下午回到 Scrum 板前舉行
衝刺回顧。

問：接下來這套做法會持續下去嗎？

未來會怎樣誰也不知道，但基礎工作都有了，整
套 Scrum 的基礎架構會在我的任期之後持續下去。

現在，請各位回想剛才讀到的內容。除了偶爾提到的
軍階和水兵，請特別注意那些關鍵。這不是什麼軍事上的特
殊狀況，只是 Scrum 在複雜多變、難以預測的困難環境中的
執行案例。

哈瑟指揮官與團隊向來經驗老到且積極主動。這支特
種部隊幾乎是大家公認菁英中的菁英。但是在實施 Scrum 之
後，哈瑟和他的團隊在 18 個月內，把生產力從每天 4 點提升
到 50 點，成長率高達 1,250％！

雖然他們做的工作可能也算是高科技，但這不是軟體
開發的新創企業，甚至也不是打造產品的團隊。在某方面來
說，他們可以算是服務業，具備高度專業，而且必須完成危

險又有生命威脅的任務。自從我跟哈瑟合作之後，我的培訓班就一直有海軍特戰人員來參與。這些人非常重視成果，完全不能忍受無法讓工作變得更快速、更有效的方法。

我以前當過記者，知道提出質疑和發問相當合理，但也必須要有可以接受的證據才能互相平衡。如果不顧合理與否，只是一味懷疑，很可能適得其反，甚至造成傷害。尤其有時候「懷疑」只是我們掩飾對於改變的恐懼。

在混沌的邊緣

位於安娜堡（Ann Arbor）的密西根大學在1980年代初期有一位研究生，對於把電腦內部運作模擬成生命體的想法很感興趣。這位名叫克里斯多福・蘭頓（Christopher Langton）的學生後來開始設計細胞自動機（Cellular Automata）。

細胞自動機是分布成網格狀的細胞，而這些細胞的狀態會因為一些規則而隨著時間產生變化，同時，每個細胞也會受到鄰近細胞的影響。鄰近細胞最簡單的定義就是兩個互相接觸的細胞。而且演變規則可以設定得很簡單：例如，我

旁邊的細胞亮燈，我也會跟著亮燈。為了讓表現更複雜，規則也可以設定成：如果我的兩個鄰居亮燈、有一個鄰居關燈，那麼我也跟著關燈。

這麼一來狀況很快就會變得非常複雜。我就饒過各位，不拿裡頭的數學原理來煩大家，不過蘭頓是根據變化的劇烈程度來進行分類。他把衡量變化的指標稱為 λ（lambda）。λ 值愈高，表示規則集合引發的變化愈大；λ 值較低，則表示引發的變化也比較少。到了臨界值，真正有趣的事情就發生了。要是 λ 值太低，整個系統很快就會凍結靜止；但要是 λ 值太高，系統就會趨於混亂。在這兩個極端狀態之間，有許多不同的轉換階段。所以規則不能設定得太嚴格，因為這樣會讓系統癱瘓，但也不能太過鬆散，這會造成系統陷入混亂。所以整套結構既不能太多，也不能太少，勉強足夠才能讓它維持在接近混亂的邊緣。

結果，在那個接近混亂的邊緣發現很多不同的東西，不但在數學和電腦運算上都很有趣，也展現出複雜的適應系統（complex adaptive system）。也就是說，只有系統實際運作的時候，我們才能看到運作的結果。儘管我們也許可以完全理解系統的每一部分，但只有在這些零組件開始交互運作之後，我們才能看清楚交互運作下的各種屬性。如果它不

動，我們無法預測會有什麼結果或出現哪些狀況。

我爸說這就是讓他開創Scrum的頓悟。他讀到蘭頓的論文時，正在某家大銀行主持一項用瀑布法執行的專案。他說讀了那篇論文之後，才突然領悟到手上的專案為什麼會拖延好幾年，而且預算也超支數千萬美元。蘭頓發現，在數位世界裡，接近混亂邊緣時進化的速度最快，而Scrum就是要達到這個接近混亂的邊緣。

讓我以交通為例。每天早上全世界有幾億人不必互相商量，就跳上汽車開往上班的那條路上，你大概也是其中之一。一杯咖啡在手，你也是整個交通系統中的一部分。突然間，路上也許有個小車禍，有人放慢速度查看。然後他們後面的人也慢下來，一個接一個，很快就產生連漪效應，讓整條高速公路的車子都停下來。此時你決定避開瓶頸，離開高速公路改走地方街道。當然，不是只有你一個人這麼想，地方街道上很快就塞滿車子。所以你試了一下不同的路線，發現要是沿著某條巷道直行，穿過大賣場的停車場，就可以繞過那些塞車的地方。這就是系統如何透過個人行動尋找解決方案。

這個狀況的問題在於：不只細胞自動機會以複雜自我適應方式運作，經濟、生態、神經等系統，還有團隊，甚至

社會本身都是。如果規則定得太過嚴苛，就會扼殺任何變化，讓文化趨於僵化，什麼都完成不了，於是整個組織最後就會崩潰。蘇聯在1980年代後期的狀況就是如此，看似長時間維持穩定，但突然就解體。然而規則要是太過鬆散，馬上又會陷入混亂：街道上出現騷亂、人人為己、各行其是、社會失去凝聚力。

　　如果你的系統結構有足夠的力量駕馭混亂，在那個接近混亂的邊緣就會發生許多有趣的事。你可以引導創造力迭迭開花結果，新構想隨意拈來、一試上手。各式各樣的表現自由勃發，但隱然又有幾股控制力量維持專注。

　　這種系統還有另一個奇怪的特點在於，有些很小的變化可能會以非線性的動態方式突然放大。也就是說，只要改變其中一個要素，也許整個系統就天翻地覆。所以這種系統可以接納個別元素進行自我組織，以動態的方式來解決問題。因此，流程一旦開始運作，誰也不知道接下來會是什麼狀況，儘管最後一切看起來像是水到渠成的計畫。以美國革命為例，現在大家都會說當年的殖民地一定會群起反抗，脫離英國人的掌控，最後建立美利堅合眾國。但各位要是閱讀當年留下的史料就會知道，其實沒人知道到底會發生什麼事。那些拓荒者事先根本沒什麼計畫，他們的成功可謂千鈞

一髮，十分僥倖。

　　這讓我想起亞瑟・威斯利（Arthur Wellesley）描述終結拿破崙時代的滑鐵盧戰役，說這場戰爭是「此生僅見的勢均力敵」。他在一封信裡如此說道：

　　一場戰爭其實跟一場舞會差不了多少。有些人可能記得帶來重大結果的小事，造成整場戰鬥的勝利或失敗，但沒人記得這些事情發生的順序或確切發生在什麼時候，不知道那些小事是這麼珍貴、這麼重要，發生那麼大的作用。

　　事後來看顯然易見的因果關係，在當下那一刻卻沒人曉得種種力量如何運作。它可能只是個人行為，有人在某個正確的時機剛好做了正確的事，結果一切就此翻轉。在這種個人似乎無能為力做改變的時代，我發現只要找對時機、用對力量，一個人也能發揮重要影響，這實在讓人振奮！

　　對於複雜的多重空間，傳統管理的共同反應是增加控制力量，設置更多規則來控制混亂。設置更多停止燈號、更多攝影監視器，結果全部被管得死死的，完全動不了，連做個決定都辦不到。

　　Scrum 就是讓我們管理這種系統的工具。Scrum 不是要壓制、限制系統，而是建立剛好的架構，設置足夠的規則。這看起來好像很混亂，其實不然。Scrum 並非死板、片面決定一切，而是以一種微妙的調控力量，讓個人、甚至每個人都能貢獻價值。

　　有一家跨國石油公司找我跟他們的幾支團隊合作，這些團隊會決定鑽探新油井的地點。而他們的工程師必須遵照一套精密設計的階段控制系統作業。這一整套流程有層層監督、泛濫的文件檔案，還有開不停的會議。當我們 Scrum 公司的教練到那裡，把他們的團隊轉變成 Scrum 團隊時，也對管理階層說：「不要再叫他們去做這個、做那個，你們要扮演他們的導師。每一位團隊成員都是一個獨立個體，大家一起工作、努力達成開發新油井的目標。要給他們自由，讓他們自己去做。」當然，團隊確實需要製作一些文件，進行適當的研究。但他們可以自己決定衡量探勘地點需要哪些條件。我們的教練真正帶領大家做的是，讓他們說出每個階段完成的工作，然後把成果公布在牆上，讓大家看到。擺脫傳統步驟的限制後，他們開始專注在交付完成的成果，明確分辨優先順序；他們知道怎麼一起合作，迅速提升、累積成果。於是，原本冷冰冰、只會限制他們的階段控制系統，就

變成一套可操作的敏捷管理待辦清單（Agile backlog）。

Scrum團隊中每一個人都可以貢獻新構想、想法和見解，可以用自己的觀點建立整套作業。然而在傳統架構中，這些想法都會被系統壓得粉碎：組織愈嚴密，控制和限制就愈多，導致整個系統陷於停頓。

而Scrum特別注重並且加以利用的關鍵，就是非確定性（non-deterministic）與複雜動態系統。Scrum不講究把決策單獨集中在單一地點，而是引導各個節點都能自行判斷；這些節點對於團隊和產品負責人來說，正是知識與資訊的來源。如此一來，事情就不必因為等待而耽擱。這是一個帶有目的性的複雜系統，或者以蘭頓的說法就叫做「命定混沌」（deterministic chaos）。[1]

完美是優秀的敵人

不管你做出什麼決定，真正的答案只會來自系統內部各個元素的相互作用。讓我再次引用艾森豪總統的話：[2]

計畫毫無價值，但計畫的過程非常重要。這兩者

最大的對比在於，你為緊急事故做計畫，但所謂的「緊急」必定是意料之外，所以事情不會按照你的計畫演變。

可是大家都很喜歡計畫（尤其是自己做的計畫），所以拚命做好多計畫。大家甚至更喜歡完美的計畫，因此需要更多的報告、更多資料，以為這樣才能做出正確的決策。如此一來，無可避免得花更長、更久的時間，結果做決定不是目的，反倒決策過程變成目的。在這個過程中需要更多的研究、討論、辯論，但其實什麼也沒做成。像這樣，事情常常可以拖很久，會拖多久完全取決於決策的性質，這是因為大家都希望有個完美的計畫，以為資訊夠多就能做到完美。

然而，計畫不可能完美，因為我們沒辦法提前知道動態系統的結果。你唯一能做的事，就是試著投入變數以獲得回應，任何行動都好過不動。所以，別害怕，去做就對了。做什麼不重要，但總之要去行動，才能獲得回應並且繼續向前。

Scrum能做的就是迅速回應，讓你知道決策正確與否。它允許你轉向、改變主意、尋找不同的道路，但還是朝著目標前進。每次快速決策都會導向下一個行動，你只要行動，

路就會浮現出來。

　　IBM的大衛・史諾登（Dave Snowden）在1999年提出一套研究問題的方法，可以幫助領導者了解他們正在面對的問題，以及要找什麼方案來解決問題。這套方法叫做「庫尼文架構」（Cynefin framework），「庫尼文」是英國威爾斯的方言，意思是「棲息地」，顯示出碰上問題時必須先知道自己站在哪裡。

　　庫尼文架構下的第一種問題是簡單／明顯的問題，這種問題我們過去已經處理過，也有很好的解決方法，每次都能成功。一旦確定是這種簡單問題，你就可以從百寶袋中找到最好的辦法。例如，玩撲克牌的時候，拿到缺中間的牌的順子，就不必太期待；某人負債超過一定水準，銀行就不應該再放款給他。這種簡單問題，都有清晰而明顯的因果關係可循。

　　第二種是麻煩的問題，是我們已經知道的未知狀況。以石油公司為例，地質學家必須進行地質調查，才會知道要在哪裡探勘鑽井。他們雖然不知道答案，但知道怎麼找到答案。這是專家可以派上用場的領域，只要你確定問題可以解決，就能夠找到解決方案，就算再麻煩、再困難都沒關係。而且你要是了解得夠深入，就能發現其中的因果關係。每次

我把車子開進修車廠時，心裡想的通常就是這樣。也許是因為車子出現某種奇怪的噪音，讓我很擔心。我很清楚自己無法解決這個問題，但我知道修車師傅知道該怎麼辦，或者是他一定可以找到解決辦法。

第三種是複雜的問題，也就是我們一直在討論的問題。這一種問題只有在事後才會搞清楚到底發生什麼狀況。碰到這種問題的時候，你就必須採取行動。你要先動作，觀察會發生什麼狀況，再決定下一步該怎麼做。

我們大多數人都在努力解決這種複雜問題，而且無時無刻都會碰到。雖然答案都是未知，在其中運作的種種力量也全是未知，但我們一定要做點什麼才行；後來發生的事也總是讓人大吃一驚。

現在我要分享Twitch的故事。Twitch是一個網路串流平台，可以讓使用者在玩電玩時直播給其他使用者看。現在事後回顧，大家當然都知道這是一種產品，但是在剛開始根本沒人曉得。總之Twitch是個意外的大成功，Amazon在2014年以9.7億美元收購這家小公司。

這是這家公司第一個創新產品嗎？不是，它原本做了一個可以跟Gmail整合在一起的行事曆服務。不過Google後來自己做了Google日曆，所以這家公司決定改做直播：公

司其中一位創辦人頭戴攝影鏡頭、背包背著電腦，把自己的生活不分晝夜的上網直播。一天24小時，每週7天不停的實況轉播。而且他們建立的直播串流平台速度還很快，可以容納很多人一起看直播。後來他們才發現他們做的那種直播沒人看，所以他們又想到，也許大家想自己直播？當時這家公司的業績表現很差，資金也快用盡。突然，他們注意到很多人愛看別人直播玩電玩，很詭異吧？總之，他們深入研究了一下，發現這個領域真的有一票鐵粉，還有很多玩家喜歡觀賞高手對戰當作娛樂消遣。況且直播主自己玩電玩，也可以透過這種方式賺點小錢。

　　這個案例聽起來比較極端，但它的解決方案就是針對一種原本沒人知道的需求。我們今天在商業、政治和社會中面對的問題，通常也都是這麼困難，根本不曉得有什麼方法可以解決，有時候甚至連要往哪個方向去找方法都不知道。

　　所以我們必須先做點什麼，看看反應如何，再根據回應結果調整後續的動作。然後再試一次、再做調整，直到找出解決方案。這就是Scrum：在短時間內進行一連串的小實驗，才能找到方法解決複雜的問題。

　　庫尼文架構的最後一種是混亂的問題，也就是某種危機。但就像艾森豪所說，你無法預先規劃緊急狀況。解決緊

急狀況需要的是堅定的領導，以及迅速可靠的行動。假設發生海嘯、鑽油平台爆炸、暴動騷亂演變成革命或股市大崩盤，這時候要做的第一件事就是趕快採取行動，採取必要步驟防止狀況擴大或惡化。明確拉開防線，看看整個情勢能否擺脫混亂、稍稍降溫，轉變成複雜的狀況。

以我碰上的一場群眾騷動為例。在阿拉伯之春（Arab Spring）的某一晚，我正好陷進一大群騷亂的群眾裡頭，那些人正想衝進國會大樓之類的政府單位。總之，當時有好幾萬人在國會大樓前面推擠衝撞，局勢一觸即發。突然，不知道從哪裡傳出尖叫聲，群眾馬上陷入混亂，倉惶不知所措，開始成群結隊。我那時跟一位年輕的美國學生站在人群之中，因為她會說阿拉伯語，所以我請她協助我進行採訪。碰上這種群眾騷動時該怎麼辦？我把當時跟她說的話現在也一併告訴各位：首先，一定不能驚慌，這一點非常非常重要，因為盲目的恐懼就是群眾推擠導致踩踏與死亡事故的原因。再來，你要找到不會輕易被推倒的東西，像是電線桿等，然後緊緊守住。奇怪的是，接著人群就會像河水流過石頭一樣，從你身邊流過去；這時候你已經把原本混亂的狀況轉變成複雜的問題。最後，你要花點時間冷靜、深呼吸，搞清楚逃生路線，這時候你就重新獲得做選擇與決定的自由。如果

你只是跟著大家亂成一團推擠，當然什麼事也做不到；你要先擺脫那些噪音和恐懼，才能開始想辦法。

這時候，速度很重要；決策拖拖拉拉只會讓問題更嚴重。試著做點什麼、觀察回應、再調整行動，像這樣迅速重覆這套疊代的方法，最後就能順利控制危機。這種嘗試與犯錯的辦法，當下可能讓人覺得害怕，但這也是個轉機，當我們在前所未見的新環境中做嘗試，就有可能找到做事的新方法。

在混沌與不確定中行動

肯尼・霍登（Kenneth Holden）和副手麥克・伯頓（Michael Burton）是紐約市建設局（Department of Design and Construction, DDC）的小主管。這是政府機構中的小單位，負責監督街道、圖書館、法院大樓等公共建設的維修，在紐約這種超級龐大的都市裡，這個單位雖然很小，但非常重要。在那個要命的星期二早上，兩架飛機撞進世貿雙塔以後，沒人知道該怎麼辦。市政府中大力吹捧的緊急管理中心毫無動靜。但霍登和伯頓都知道，要去世貿中心挖殘骸、搜

尋倖存者、清理跟山一樣的廢墟，一定需要一大堆設備和專業知識。

其實他們沒有什麼宏大的計畫，只是提早幾個小時先思考。事實上他們也不需要涉入這場災難，但他們還是開始打電話給以前合作過的建築包商。當天晚上他們就在災區現場架設照明設備，讓救援工作在天黑之後可以繼續進行。他們繞過所有正規流程，選定四家熟識的建築包商，把他們找來一起投入救災。

警方和消防單位起先都拒絕他們來幫忙。但這兩個人根本不管，他們不斷在現場做決策：「這棟大樓安全嗎？可以進去搜索嗎？可能可以。」一般來說，這種等級的災難是由聯邦緊急事務管理局和軍方的工兵部隊負責。但這一次聯邦機構才剛要著手了解狀況，就有人告訴他們哪裡正在進行搜救、哪裡很危險必須撤出。伯頓做這些事之前根本沒有請示任何長官或高層。

然而他們的效率相當高，搞定許多狀況，也讓規模如此龐大的救援專案順利協調運轉，所以時任紐約市長魯道夫‧朱利安尼（Rudolph Giuliani）甚至叫原本應該負責救災的市政機構都聽從建設局的指揮調度。他們在一間幼稚園的教室成立指揮中心，後來威廉‧蘭吉維許（William Langewiesche）

在巨作《美國基地：拆卸世貿易中心》（*American Ground: Unbuilding the World Trade Center*）中寫道：

> 那個時候沒人有空去仔細思考有什麼選項或編寫計畫。當下需要的做法就是行動，單純的動起來。為了清晰明確的溝通，伯頓在幼稚園教室每天開辦兩次大型聚會，就是這種簡單也沒什麼高深技術的管理系統，特別適合外頭那個末世災難現場。伯頓的理性思考跟往常一樣清晰明白。他跟我說：「要控制局面，只能把大家都叫過來，現在沒空發什麼備忘錄，或等待指揮系統層層轉達。大家都必須聽到我們碰到什麼問題，也必須聽到我們做了哪些決定。我們要讓大家都朝著同一個方向前進才行。」

麥克·伯頓那時候被尊為「世貿總指揮」，當時現場有3000多人都歸他指派分發和協調，而且在一年不到的時間就把150萬噸的廢墟、灰燼和廢鐵全部清理乾淨。只有靠行動、單純的行動，才能把局面從「混亂」慢慢導入「複雜」。

這裡最這重要的關鍵教訓就是，不管你置身在什麼狀況下，首先就是要弄清楚你的位置，然後開始嘗試、做實驗，看看你是不是身在你認為的位置。馬上做決定，不要傻等。磨蹭拖拉的人一定會淹沒在層出不窮的狀況裡頭；只有迅速採取行動的人，才能抓住自己創造出來的機會。

別讓幻影愚弄你

大多數人根本沒想過時間因素，不知道一分一秒都非常珍貴。時間一旦流逝，誰也沒辦法拿回來。他們不知道每次停下來等待，就會距離失敗和延遲更近一點。各位要是只能做一件事，那就要確保你跟那些決策必要的成員每天進行一次每日 Scrum。只要能聚在一起簡單討論，就會大幅降低決策延誤的危險。而你只要授權團隊和產品負責人去做決定，自己包攬的決策愈少，整個決策流程就會愈快。這其實只是一件簡單的事情，但只要你這麼做，組織就會發生本質上的改變，讓那些最了解問題的人決定要怎麼解決它。

最後我們再來看拿破崙的例子：拿破崙的大軍團（GrandeArmée）之所以能像海浪般襲捲全歐，連連勝仗，

短短幾年內就震懾歐陸，是因為他定下兩條簡單的規則。那時候，士兵發現敵軍蹤跡時，都要先向總部請示處置方式。但拿破崙用兩條簡單規則改變一切：第一、看到敵人就開始射擊；第二、聽到槍聲就騎馬衝過去。就這麼兩條規則讓幾萬名法國士兵可以自我組織，不必再徵得允許或等待指示，就能把部隊的威力釋放出來。當一支小隊開始射擊，鄰近小隊也會衝過去開火支援，整個大部隊就會像野火蔓延一般，正確的向需要的地方火力全開。這麼簡單的兩條規則永遠改變戰爭的樣貌。

　　所以不要再等了，行動吧！

重點摘要

做決策時不要等太久。頂多一小時,這是目標,決策就是要這麼快。做決定還要等大家開會,等於是找死。如果決策要花五小時以上,大概就代表要向上請示、層層批准。

授權給最適當的決策者來做決定。這就是關鍵。應該由最了解狀況、擁有最多資訊的人來做決定才對,這就是迅速決策的方法。解決問題的辦法不在身處管理階層的主管手上,而是分布在組織的節點,實際接觸客戶的人手上。

規則愈少愈好。過於僵化的規則,容不下任何改變。組織文化如果跟化石一樣,什麼都做不到。組織結構如果能夠駕馭逼近混亂的邊緣,才會發生有趣的變化。

以簡馭繁。簡單的規則才能促進適應力高的複雜行為;太過複雜的規則只能容納簡單而愚蠢的行為。Scrum 擁有剛好的結構和足夠的規則。看起來好像有點亂,其實不然。Scrum 絕非一成不變,而是巧妙的控制狀況。

整備清單

- 各位下次開會做決策，請計時看看總共花了多少成本。包括出席者的薪資，還有浪費多少時間等大家做出決定。

- 請各位想想上一次組織遇到危機的時候。你的行動能夠更迅速嗎？或是組織迅速採取行動和回應讓你覺得很驚訝？你下次的決策流程能夠如何改善？

- 為了達到你要的成果，最低限度需要做些什麼事？其他可以停止的事情有哪些？

- 思考你每天都要用的複雜守門系統（gatekeeping system）。如果你專注的是價值而不是過程，它會是什麼樣子？

第 **4** 章

確實完成工作

函證網（Confirmation.com）提出一套解決方案，為金融業者每年節省成千上萬個小時，也讓全世界少砍好幾百萬棵樹。他們把又慢又令人抓狂的手動流程，轉變成簡單快速的電子化流程。

他們的業務是透過網路把全世界的會計、金融與法律機構和公司網路，連結起來以確認金融和財務資料。他們認為這樣比較容易找到真相。他們知道金融詐騙不時會出現，所以公司創辦人布萊恩‧福克斯（Brian Fox）常說要幫助好人，抓住壞人！

我說個故事作為例子。美國的百利金融集團（Peregrine Financial Group）創辦人暨董事長羅素‧華森道夫（Russell Wassendorf Sr.）多年來詐騙投資人總共超過兩億美元。他怎麼能騙那麼久呢？其實就是稍微用一下美編軟體Photoshop，就能做出看起來完全像真的銀行對帳單。但是等到百利集團被迫透過函證網認證金融資料時，整個騙局就出現蹊蹺。才不過幾天的時間，這件金融詐欺案完全曝光，今後華森道夫要在監獄待上好幾十年。

過去100多年來，金融資料都是透過紙本確認。查帳人員要寄郵件給銀行確認帳目：「我們查帳的這家公司真的有這麼多存款嗎？」銀行當然不是只收到這封查帳確認信，而

是每年都會收到成千上萬封這樣的信件。所以銀行還要找一票人手來處理這件事，每封信都要找人去查銀行帳目記錄，再寫一封回函確認那家公司有沒有那麼多存款，最後透過郵政機構寄出回函。這些都要用到紙，用到很多很多很多紙。每年他們都要花費好幾週處理這幾千幾萬封要求確認的信函。

但是函證網讓這一切只需要短短的時間就能全部搞定。函證網連結數千家金融機構，有人提出確認要求時，函證網就會把請求送到相關的金融機構，獲得回應後再轉交提出要求的審計單位。移動這些敏感的財務資料時，當然需要非常嚴密的安全保障，這也是函證網開始建立時最困難的部分：要讓金融、會計和法律機構和所有的客戶都相信函證網的資訊系統很安全。

函證網大概是在20年前領先提出電子認證的構想，隨後在開發系統的過程中又取得7項專利，至今在電子認證方面仍占有極大優勢。它從美國田納西州納許維爾（Narshville, Tennessee）一家銀行和一家會計師事務所開始，現在總共有160個國家的16,000家會計機構、4000家銀行還有5000家法律機構共同使用函證網平台，每年確認的資產金額超過1兆美元。

　　函證網公司在2000年開始的時候，原本只有4個人窩在一間車庫裡開發產品。這是過去從來沒有人做過的新東西，不過布萊恩在商學院的創業論文中就想過這個點子，而且也寫了下來。最後，那些大銀行發現每年可以節省多少繁瑣工作，把處理速度提升到極快，所以宣布之後只接受函證網的電子請求，不再接受紙本要求。函證網因此迅速發展，也開始在平台上擴充新功能、接受其他認證要求，例如法律認證等。

　　但後來發生了一些事，函證網公司都不能盡快搞定，屢屢錯過最後期限，無法達到一般金融網路平台應有的程式開發水準。函證網當然不能繼續冒險，於是投入更多時間想把平台弄好，還讓員工都很忙，每個人都忙得要命。有一位高階主管跟我們說，一定要讓大家都很忙。因為他當然希望可以完成任務，但要是沒有完成任務，至少可以說大家已經盡力了。可是他們就是拿不出成果，所有人都很忙，卻沒做成多少東西，於是打電話請我們幫忙。

　　這其實是企業界很典型的問題。有些專案（不管是什麼專案）一定要完成，而且管理階層、業務部說這是最優先專案；然後又有人說哪些事也得優先處理；接著又有人帶來一些必須最優先處理的任務。這些人當然都不覺得自己優先要

做的工作必須跟別人討論、溝通，只是把事情丟給團隊去處理。這種狀況就是這麼平常，平常得讓人覺得恐怖。結果各位也猜想得到，事情就此卡住。所以管理階層開始對團隊施壓，叫大家一直忙、一直忙，忙著處理的工作全都是最優先的工作。高層隨意訂下期限，叫大家晚上加班、週末加班，一直催一直趕；結果沒趕上交期，他們還會覺得很奇怪。

別再說「最優先」！

英文單字priority（優先）是很早就出現的字，最早大概是14世紀末由法國人借用拉丁文來表示時間上較早的狀態，意指這件事比那件事發生得更早。到了15世紀初這個字進入英語圈，指的是權利或等級上的優先。（順便說一下，這個字應該是單數，說某件事「最優先」其實是贅詞，因為「最」跟「優先」在語意上是重複的意思。再來一個語言學小知識：在拉丁文裡，單字不會因為字尾加個s就變成複數，所以priorities這個字其實很荒謬，就像是一場比賽有五個第一名一樣。）

各位要是用Google Ngram搜尋priorities的使用狀況，會

得到以下結果（Google Ngram是Google提供的服務，它收集過去幾百年來好幾千本書的內文，可以查詢特定文字的使用頻率）：

圖3

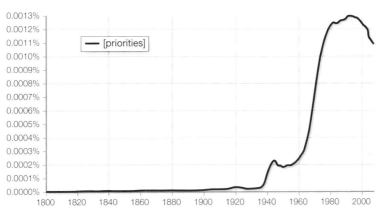

　　由圖3可知，一直到1940年左右，priorities這個字幾乎不存在。我不能確定這個字為什麼會出現，但是我覺得這個看似合理卻毫無意義的新字，很顯然與業界在二次戰後掀起的現代管理運動很有關係。

先完成工作

　　當我們Scrum公司評估企業的敏捷程度時，通常會發現已經完成的工作中大約有30％根本不必做，而且那些工作跟企業目標完全背道而馳。請各位別再瞎忙！史丹迪士集團的研究跟我們的發現相去不遠，其餘70％的工作成果中有64％是客戶很少使用、甚至從來不用的功能。這表示公司有75％的人力是擺在跟企業利益相反的方向，或者是根本沒人需要的工作上。各位請仔細想個一秒鐘：貴公司有四分之三的人力淨做些不該做的事！

　　這是因為大家不肯排定優先順序，或是不曉得怎麼排序。（再來一個語言學小知識：prioritize〔排定優先順序〕這個字最早是在1950年代由政府官員開始使用，後來在1972年總統大選中逐漸普及。當時的政治人物用這個字表達選擇哪些票倉要優先去掃街拜票。《牛津大字典》〔Oxford English Dictionary〕在1982年說它是「目前英語使用上不太穩定的字」。其實我們在日常生活中也沒有穩定的實踐它。）

　　下列是我們發現的病症。各位要是聽過甚至說過這些

話，大概就要好好考慮現在使用的方法：

「我們有好多互相衝突的優先事項！」

「優先事項一直進來，我們團隊不斷受到干擾！」

「所有事情都是第一優先！」

　　最讓我感到無力的是，其實大家都知道這樣不對。跟我談過的每個人都知道，同時進行五件事、甚至中斷手上的工作來接下新的工作根本不可行。沒人會覺得這是工作的好方法，大家都知道這樣真的很蠢，但還是這麼撐著。

　　函證網的成員都有不同的優先工作。業務部希望有一套更好的日語翻譯界面，以利開拓日本市場；行銷部想要翻新網站，重新打造品牌；領導階層則是關注最近才剛出現的競爭對手。那麼產品團隊應該專注在哪項工作？函證網一位經理對 Scrum 公司的專案負責人阿維・史奈爾（Avi Schneier）說：「我永遠都在等待今天會宣布什麼新規定。」阿維問公司的第一優先是什麼，對方回答：「一定要趕上最後期限。」請注意，他們不是要完成什麼任務，只是要趕上期限。

　　所以阿維讓他們先找出公司真正優先要做的工作。哪

些應該優先處理？哪些是最重要的工作？他讓大家了解到，如果不先選擇優先事項，整個公司就會飄忽不定，每天跟無頭蒼蠅一樣四處亂飛。所以他們要做出選擇。這個絕對辦得到，但需要誠實的反省，也需要做些艱難的決定。

產出與成果

讓我們釐清兩個概念。產出（output）是團隊在每段衝刺做出的東西數量，指的是團隊做事的速度。你開始運用 Scrum，一定希望做事速度在幾個月內可以提升一倍甚至兩倍。這時候最重要的，就是把工作完成、把東西送出去，就算這個東西是錯的也不要緊。重點在於團隊要完成工作、拿出成果。就算事實證明這個東西不對（事實上很可能出錯），你也會很快就發現有問題，而不是白白耗費數百萬美元、浪費好幾年的生命，到最後才發現沒人想要你做的東西。

一旦弄清楚這一點，我們就可以專注在成果（outcome）上。該怎麼讓客戶感到滿意呢？挽救更多生命嗎？為世界帶來價值嗎？各位必須回答這些問題，不然你的工作可能徒勞

無功。你要做的就是把東西拿出來，展示在大家面前，他們才會告訴你，他們喜歡什麼、想要什麼、需要什麼。

這裡頭的訣竅是，不管是誰從你的成果中獲得價值，你都能夠很快取得他們的回饋意見，了解產品對他們有多少價值。在專案或產品開發初期，我們多半會猜想哪些東西最有價值。各位可能會深思熟慮，還做了一些研究，但一切都還只是猜測。如果必須等六個月以後才能確定猜測是否正確，那麼我們是根據期望在做計畫，不是靠數據或資料在做計畫。

函證網最大的問題就是系統老舊。它還是能動，而且運作得很不錯。但是隨著新客戶的要求，整套系統可能這裡修一點、那裡加一點，累積下來就變得愈來愈龐大。而且，這些修改幾乎都沒有考慮到整套系統的結構或架構，到最後就變得一團糟。但他們花費大把時間修正過去的錯誤，而不是重新建立一套新系統取代舊的系統。現在他們終於發現，雖然大家都很忙，但其實並沒有創造出明顯的進步。他們就是無法有效率的提出成果，因為大家只是瞎忙、只注意產出，卻沒注意到成果。他們確實需要一套全新、更現代化的系統，以提供連客戶都沒想到的高檔服務。但大家只是努力維持老舊的系統不要崩潰，才會只重視產出但不重視成果。

完成工作的定義

　　完成工作的關鍵是要先把「完成工作」的標準定義好。團隊從產品待辦事項清單中選定工作項目，就要先把「完成工作」的條件定義清楚，知道這件工作做到什麼程度才算完成。而這個定義也包括這項工作與其他工作的關係。為什麼呢？因為整套產品的結構其實也會決定你怎麼定義「完成工作」的條件，而且這一點非常重要。

　　以下舉幾個例子。有一個例子出自硬體業，其他則是軟體業的例子，但道理都相同。

　　有一家民間航太公司，我只能叫他們「隱形太空公司」（Stealth Space Company），他們在 LinkedIn 專頁、在那些不請自來的新聞報導中，就是這麼稱呼自家公司。「我們不自吹自誇，也不多說話，只有埋頭苦幹！」這家公司設在舊金山灣區一座海軍廢棄的航空站；這種廢棄的軍事基地雖然因為地點不同、軍種不同，建築外觀長得不一樣，但是都有個共同點：結構上以「功能」為主，實用性壓倒外觀。

　　克利斯・坎普（Chris Kemp）是公司執行長。他一頭金髮，常常穿著黑色 T 恤、黑夾克和黑褲子，無時無刻都把速

度掛在嘴邊。以下是他在電子郵件中宣布首次發射行動：

> 我們預定在本週日發射火箭，這是我們18個月前
> 才成立的團隊從頭打造的飛行器。我們的速度比
> 以前快5倍，資金消耗也只有1/5。這是未來一系
> 列測試中的第一次發射，我們會在疊代過程中建
> 立起團隊、吸收經驗，慢慢靠近衛星軌道。

他緊盯伊隆・馬斯克（Elon Musk）的SpaceX，不只把Space X當作可以打敗的目標，還要完全打趴它，因為他的速度快五倍、成本只有五分之一，而且他要用Scrum辦到。他的目標是要成為飛向太空的聯邦快遞，每天發射商務火箭到較低的衛星軌道。軍方需要在最近有問題的地區部署間諜衛星嗎？沒問題！他們30分鐘就搞定，不必花三年。

你要是跟他的員工談過，就會感受到他們想要成功的衝勁。他們公司有位主管一直都在航太工業界，待過SpaceX、維珍銀河（Virgin Galactic）和波音等大企業。他說團隊中有些人以為整套Scrum架構只適合用來開發軟體。

「JJ，這一切對我來說都是全新的體驗。」他告訴我：「可是我已經看到以前那種方式有多糟糕，所以我跟新來的

工程師說，他們不知道這套方法有多好，我實在太喜歡了！現在他們都知道要全力配合，不然就只好辭職。」

我在那裡學到，火箭其實是由三個系統組成：推進器把燃料轉化成動力；航空電子設備引導火箭的飛行方向；最後由整架火箭的機體結構結合一切。當火箭的各個系統組合起來進行第一次疊代，各系統之內和各個系統之間的每個部件都要能夠緊密結合。因為他們必須減少多餘的重量，所以每個結合的部位都有特製的零件和連接器。這種做法固然可以顧全整台火箭的重量，可是裡頭萬一有東西需要修理，那就麻煩了。

舉個簡單的例子。他們第一架火箭的航空電子系統，是由一整串特製的電路板連接起來，最後用相當稀有的金屬元素製作控制開關。結果，要是某片電路板出問題，所有電路板都要拔出來，還得靠人工解開幾百個連接頭，而且這些材料都超貴。有一次，這些連接器使用的稀土元素全面斷貨，都被蘋果和三星買去生產新型手機，必須等待12週才有貨。坎普對此大發雷霆：「只是一個乙太網路的開關就要搞三個月？這種事會害死我們啊！」

我的同事喬・賈斯提斯和航空電子部門的負責人伊森（Ethan）仔細討論這個問題。喬說：「你這些電路板都要用

特殊的連接器，每片電路板都帶著不同的資訊，每個連接器
也都不一樣。你現在要解決這個複雜的設計，用更好的設計
來取代。然而牽一髮動全身，移動一個，全部都會被破壞。
所以，我們要在航空電子系統和火箭其餘的部分建立一個穩
定的連接介面，功能上要超越目前所需，讓它在承載現在所
需的各種資訊之後還遊刃有餘。但是，這個介面只使用幾塊
錢就能買到的現成連接器。我們把問題減少，打造出一個不
再變動的防火牆，讓火箭工程師把系統接到介面這一邊的連
接器，航空電子工程師則是只要把系統接到另一邊的連接
器。如此一來，只要這個介面維持不變，你就可以更動任何
一邊的裝置。這就是把問題模組化，讓它像樂高積木一樣，
各個部分都可以輕鬆拆掉重組。」

　　這個方法讓完成工作的定義變得很清楚：這套系統必
須可以運轉，而且要配合這個穩定的介面。接下來就可以一
個接一個解決問題。如果介面帶來多餘的重量，可以在解決
其他問題以後，利用疊代再回來改進。

　　接下來，來看一個採用敏捷法的軟體開發範例，也是
採用跟隱形太空公司一樣的模式。Spotify 是音樂串流服務
公司，他們的目標跟火箭公司一樣：速度。他們剛起步的
時候，執行長丹尼爾・艾克（Daniel Ek）對 Scrum 公司說：

「請聽好了，蘋果、Google和Amazon都想宰了我們。他們都是很厲害的大公司，還擁有很多技術。我們唯一的存活方法就是靠速度，所以一定要比他們還快！」

於是，Spotify平台跟火箭一樣被分成幾個模組：播放器、推薦引擎、播放列表、行動裝置App等。他們也一樣在每個模組之間建立穩定的連接介面。播放列表團隊可以盡情自由發揮創意進行修改，只要不超過原先預留的空間，可以來回傳遞相同的資訊，不會破壞其他內容即可。如此一來他們就可以在不影響整套系統的狀況下，快速進行任何作業。

他們不必動到整套系統就可以修改局部功能，這套介面讓大家不再像以前那麼痛苦。有很多系統就是因為各個部件的依存度太高，無法進行任何更動，工程師不得不進行更多修補，讓搖搖欲墜的系統勉強不至於崩潰，於是整個公司的發展速度就此趨緩。

不管是在創造或開發產品、服務，大多數的問題就是在兩個完美系統組合起來時才出現，這時候要修改其中一個，就不得不兩個都破壞掉，實在讓人精疲力盡。

修復

　　如果你有幾十項專案要照顧、幾百個優先事項要進行，這些工作都要完成，或是你希望都能完成，那麼你該怎麼辦呢？

　　首先，跟過去一樣，先承認自己碰到問題了。如果你的策略是荒謬的宣稱一切都要優先處理，那麼你的策略大概就等於任由組織中最嫩的菜鳥在沒人指導哪些才是公司要務的狀況下，讓他來決定接下來要做什麼。

　　運用 Scrum 時首先要確定，團隊在每段衝刺都有清晰、順序明確的衝刺清單，確保大家都了解要做的事有什麼商業價值。這需要一套機制，把組織的重大目標分解成團隊可以操作的項目；我會在之後的章節詳細介紹這套機制。

　　阿維和另一位同事艾力克斯・謝夫（Alex Sheive）帶領函證網團隊到會議室，把大家要做的事情都寫在牆上。他們跟管理階層一起擬定清楚、有優先順序的待辦清單。也說服高層讓團隊成員維持穩定，不要把人調來調去，而且讓整個組織清楚了解這個訊息。現在高層完全支持 Scrum，也願意挑起艱難的工作，嚴謹的檢視工作清單，篩檢出那些不急的

工作，好讓真正需要執行的工作可以順利完成。

　　這就是第一步，先承認你無法同時完成所有的工作。你必須做出選擇。做取捨有時候當然很困難，常常會碰上許多利益衝突，但是領導階段如果不搞清楚必須完成哪些工作、又要用什麼順序來進行，你的團隊就不知道該怎麼辦。所以，函證網的高層要先做到這一點。於是他們進行重整，精簡工作流程，確保每個團隊的每段衝刺都有清晰明確的清單可以遵循。這樣就能大幅提升各個團隊的能力。

說「不」的重要性

　　不能排定優先順序的根本原因，可能是因為不願拒絕。組織也跟團隊一樣有速度上的考量：在多少時間內可以創造出多少產品或服務？對客戶、主管或老闆說「好」很容易。像是「要做這個嗎？沒問題！我們會加進待辦清單。」「喔，這個很重要嗎？好吧，我把它擠進來放到最前面。」如果又有其他專案的要求，團隊永遠都說「好」，直到工作不堪負荷為止。

　　說到公司策略，大概都是著重在要做的事，卻不會去

想不要做哪些事。來看看下列的案例。有一家跨國材料公司做了許多研究，並且根據研究成果大規模生產日常生活用品，產量高達幾百萬件。不過，他們碰上一個問題。這家公司耗時數年研發新產品、採用新材料，然而產品一旦上市，馬上就會被一群「快速追隨者」（fast follower）迅速複製，有時候甚至在幾個月內就完成複製品。所以，他們必須不斷推出新產品。

但是這家公司有個部門推出新產品的速度始終不夠快，空有偉大構想卻沒有實現，於是他們打電話來Scrum公司求救。2016年初，溫文儒雅的史蒂夫・道卡斯（Steve Daukas）走進這家公司的大樓，確認他能做哪些事幫助他們。

他請所有實驗室主管進入一間會議室，接著說：「首先，我們來談談你們正在做哪些事。請把每一項專案都寫在便利貼上再貼到牆上，讓大家都能看見。」

忙了15分鐘後，所有專案都貼到牆上，總計超過100多項專案。

「很好，」史蒂夫說：「就當做是好玩吧，我們把專案負責人也寫上去。這些專案實際上是誰在做呢？」

雖然每項專案只有幾個人在執行，排完大概70項專案

以後，他們再也排不出人手了。

「你們為什麼有這麼多事情要做？」史蒂夫問。

他得到的答案是公司叫他們趕快推出產品，所以他們要同時處理一堆產品，還要趕快上市賺錢。

「所以，有哪些專案真的已經完成了？」

會議室陷入完全的沉默。

我聽過很多次類似上述的對話，他們可能是小小孩的爸媽、剛成立的新創公司，甚至是《財星》(Fortune) 500 大企業。這些人都有很多工作要完成，所以他們會開始做一堆專案。他們認為這些都是該做的事，就是有那麼多的事情要完成。接著他們就可以跟大家說：「你看我們做這麼多事！我們好忙啊，忙得要命！我們正在努力完成這些最優先的工作。」

事實上，他們只是「開始」做一堆事情而已，並沒有「完成」。我每到一家公司，問他們正在進行多少事情，大家就開始大力吹噓，這總是讓我覺得很驚奇。他們好像以為只要說出自己正在做什麼，我就會覺得他們很厲害。

不過，一旦問對方真正帶來哪些影響，大家的臉就馬上垮下來。

史蒂夫在那間會議室裡讓大家知道，不是所有事情都

必須完成。而且，如果他們繼續照這個方式運作，最後什麼
也無法完成。

因此，他們仔細檢視這 100 多項專案，艱難的挑出不再
繼續進行的專案。並且思考：希望實驗室團隊把焦點放在哪
裡？哪些研究真正會在市場上一鳴驚人？會議室裡的人互相
爭論、彼此說服，甚至否決別人鍾愛的專案。他們努力完成
領導人真正該做的事：做出選擇。答應接下新的專案非常容
易，附和別人的意見、不要唱反調很容易，逃避困難的對話
溝通很容易。不要拒絕別人真的很容易。

最後，他們把專案減少到 12 項，史蒂夫讓這群高階主
管確認所有專案的待辦事項清單。雖然清單不是非常詳細，
卻能充分傳達「指揮官的意圖」：不是指揮團隊怎麼做，而
是告訴他們要做什麼、為什麼要做。接下來，他們指派 12
個人擔任產品負責人，他們要在幾百位科學家前面，宣布專
案的工作清單：要努力達成的目標是什麼、為什麼這些項目
很重要，以及完成工作需要哪些技巧。然後，產品負責人和
高階主管離開會議室，並且對每一個人說：「你最聰明，所
以由你判斷誰應該去哪個團隊，才能完成那 12 項目標。」

30 分鐘後，大家又回到會議室。每一份清單都找到一
支或好幾支團隊負責，但還有一份清單沒人要做。其中牽涉

繁雜的政府法規行政文件更新，所以沒人想做。最後才有人
自告奮勇說：「好吧，我來。反正總得有人做，就看看我們
能多快把它搞定。」

　　後來，他們的工作效率在十週內提高一倍，還發現前
所未有的賺錢機會，而且大概排除掉53個阻擋團隊前進的
障礙。只要我們把目標從注重產出（讓大家都很忙）轉變成
創造成果（真正把工作完成），整個組織就像是脫胎換骨，
成果非常顯著。過去，他們的開發週期耗時兩年半；運用
Scrum以後，六週之內就能做好兩項新產品。而且馬上就有
客戶，還是大客戶說要購買這些新產品。只要放對焦點，就
會發揮神奇效果。他們把100多個沒完成的項目變為完成的
12項專案，這些成果改變部門的命運，甚且帶動母公司的
股價，創造幾十億美元市值。

　　專注完成工作就會帶來影響。勇敢說「不」吧！

多工作業的危險

　　人類的大腦事實上就是無法多工作業。日常生活最常
碰到的例子，就是邊開車邊講電話。研究結果非常清楚的

顯示，邊開車邊講電話的人（就算使用免持裝置）比單純
開車的人更容易造成事故。根據美國公路運輸安全管理局
（National Highway Transportation Safety Administration）的調
查數據，實際狀況更讓人擔心：不論任何時候，道路使用者
講手機的比例都高達8%。

　　以下摘錄自我最喜歡的一篇論文，其中談到多工作業
對我們的影響：

　　受試者邊開車邊講電話時，即使目光對準前方物
　　體，通常無法真的「看到」這個東西，因為駕駛
　　人的注意力已經不在外部環境上，而是轉移到與
　　對話有關的心理認知脈絡。[1]

　　事實上，即使我們盯著某個物體，例如前方汽車的車
尾，或者那棵必須繞開的樹，還是會看不見它們。但是，邊
開車邊講電話的人還是一大堆。

　　當你想同時做不只一件事，就會喪失大量的生產能
力，這就是所謂的「環境切換的損失」（context switching
loss）。研究指出，光是暫停工作回覆一封電子郵件，我們
的大腦就會閃神半小時才能再回到原本的工作狀態。

　　請想一想，你讀這本書的過程中被干擾了幾次？讀這一章時中斷了幾次？讀這一頁的時候有人傳送簡訊給你嗎？讀完這一句以後要看一下手機嗎？讀這一章時有沒有去查看簡訊呢？我們現在的社會都希望別人立即回應，好像不馬上回覆電子郵件、訊息或簡訊，就是不尊重對方，畢竟對方特別找上你、要爭取你的注意。昨天你有沒有拋下眼前的人，去回覆根本不在現場而是在線上的人呢？這件事總共發生了幾次？結果，今天的工作時間即將結束，但是你開始的工作還沒有完成、那封真的很重要的電子郵件還沒回覆，還有一件真的很重要的事情要做，而你根本想不起來是什麼。你想趕快去做那些應該要做的任務，卻無法接上軌道，或是不知道該朝哪個方向前進。而且你現在也要去接小孩了是吧？

　　很多研究都顯示，人類真的就是不能多工作業。透過功能性磁振造影（fMRI）掃描同時進行多項工作的人，會發現大腦就是無法應付多工作業。所以透過選擇、拒絕、明確排定優先順序，就可以改變一切。跨國製造商做到了、函證網做到了、隱形太空公司發射了第一枚火箭。在這個瞬息萬變的世界中，還有許多種不同的生存方式，都可以讓我們蓬勃發展。但這需要確實的真知灼見、確切的選擇。首先，請問自己：你是受恐懼控制，還是追隨著希望向前邁進？下

一章我們會進一步討論這一點。你必須做出決定，即使你認為事情已經失控，即使你相信影響你和組織的力量永遠不會改變，即使你看著情勢就像是要衝進懸崖邊緣，你還是得決定應對方法。

做決定當然不容易，但你會發現，恐懼真的是戕害心靈的兇手，而聯繫溝通正是解藥。

重點摘要

承認你排定的優先順序有問題。你的策略如果是荒謬的宣稱一切都要優先處理，那麼你的意思就是說組織裡任何一個人即使沒受過指導、不曉得哪些工作最重要，都可以決定下一步要做什麼。

把工作完成。完成工作的祕訣是，先定義清楚完成工作的標準。當團隊從產品待辦事項清單選取工作時，就要知道這項工作完成的定義，以及這項工作與其他工作的關係。你建立的工作結構，會決定完成工作的定義。

忙碌不等於完成工作，別搞混。著重效率作為標準會讓大家忙得要死，卻未必能交出成果。不要一味執著產出，而是要專注於成果。

了解「說不」的力量。公司策略往往過度關注要做的事，忽略不該做的事。因此必須做出選擇。

整備清單

- 寫下所有優先事項,在牆上歸納成同一欄。按照價值、風險和努力程度排定順序。但是請記住,這些都屬於同一份清單、同一個欄位。如果你在某個階段發現許多個優先事項,請重新整理這份清單。

- 你對於完成的定義是什麼?寫下來,放在牆上讓自己每天都看得到。

- 想出三種衡量產出與成果的好方法。至少找一個人詢問你做的工作造成哪些影響,或者你到底做了多少事情。

- 你的產品結構是什麼?它需要各部件緊密結合,或是部件已經模組化?你知道要在哪裡安插穩定介面,壞掉的部件才不會影響其他部件嗎?

第 **5** 章

找出問題

　　為什麼有些人的行動看起來好像發瘋了，常常不朝向想要的結果做事，答案很簡單：因為害怕。請相信我，對於害怕和恐懼，我很了解。我知道它的表裡、知道它有特殊的隱密性，也知道它不只嚴厲又殘酷，還會帶來刺鼻的苦澀、讓人戰慄，更會在黑暗中誘人墮落。

　　我成年後長時間在戰區擔任美國全國公共廣播電台（NPR）的記者。大家聽我談起這段經歷總會問：「感覺怎樣？」曾經有幾年我對這個問題相當感冒，但後來開始了解到，大家雖然希望自己永遠不用碰上這樣的狀況，卻也會有點好奇，想知道那是什麼感覺。後來我也準備好一個標準答案：我覺得非常害怕、感到極端的恐懼。

　　有一次在利比亞的班加西（Benghazi），晚上我睡不著。那是2011年，晚上睡不著也不是太奇怪，因為當時班加西的好國民個個都有滿腔革命熱情，手上拎著從各處軍械庫搶來的武器，以為不開兩槍就不能表現出忠勇愛國的情操。所以他們逮到機會就對空鳴槍，也不想想那些子彈可不會消失在太空，我窗上的彈孔就是證據。不過，那天晚上大家真的鬧得很起勁。

　　利比亞只是我革命旅程的新據點。當時我是全國公共廣播電台的資深製作人，從阿拉伯之春開始，就一直在做專

題報導。開羅革命後，國外部的主管認為我跟賈西亞—娜華羅（Lourdes Garcia-Navarro，譯注：知名戰地記者）應該去利比亞做追蹤報導。儘管我們已經有好幾個月即使回家都不能好好休息幾天。

那些年來，我經歷過各種戰爭、武裝起義和暴動，聽過各式各樣的槍砲爆炸聲，因此只要聽聲音就知道是什麼武器：AK-47斷斷續續的尖銳射擊聲；50機槍轟隆隆低沉的阻塞音；更兇猛的是迫擊砲；接著還有各種火砲、飛彈、坦克和（我覺得最兇猛的）兩萬磅的聯合直接攻擊彈藥（JDAM；反正就是超厲害的炸彈），以色列曾經用這種武器轟炸貝魯特一棟大樓，震爆波把我直接從床舖震飛出去。不過，在利比亞，格達費對一些奇奇怪怪的武器顯然別有品味，因為我看到也聽到好幾種認不出來的槍械。那天晚上，這座城市爆發槍響，每條街道都掀起壯烈的戰鬥，但我的大腦一直覺得很不對勁，不是因為這些白痴在滿是人群的城市裡恣意開火，而是因為那些槍砲聲怎麼聽都不對勁。

當時利比亞人正在慶祝，因為格達費有個兒子被捕還是被殺或是遭到酷刑之類，我不太清楚狀況，而且短時間之內不會有更多資訊，我只知道自己在利比亞很沮喪。當然，格達費是個壞人，可是儘管內戰還沒結束，誰都看得出來種

種跡象顯示，利比亞即將進入血腥無政府的狀態：民兵組織突然發現武器帶來的權力，各地檢查哨馬上變成勒索施暴的據點，愈來愈多激進分子挾怨報復，恣意紓發種族仇恨，整個社會都在自我撕裂。我不是沒看過這種場面，但通常要經過好幾個月甚至好幾年才會變成這樣，可是利比亞在革命解放之後，短短幾個星期就像索馬利亞的摩加迪休（Mogadishu）那樣混亂殘破。

我透過Facebook跟一位遊騎兵部隊的好友阿諾・史壯（Arnold Strong）聊天。我們是2006年在阿富汗的坎大哈（Kandahar）相識，當時他官拜少校，我們一碰面就覺得相當合拍，到現在都是好朋友。

我寫：「我討厭戰爭，它占據人心最黑暗的地方甚至賦予它們價值。」

他回答：「那真的只是因為戰爭嗎？」

阿諾很了解戰爭。2006年夏天我們在阿富汗南部開著車四處去。有一天早上我嚇得渾身發抖，這個貌似粗野的高大遊騎兵還是溫和勸我把早餐吃完。因為當時公共廣播電台派我到另一個衝突熱點，而我們要經過的道路時常遭到敵軍空襲。阿諾了解戰爭、了解恐懼，也了解我。

「這真是個好問題」我回覆。

搖搖欲墜的心靈殿堂

　　為了解釋恐懼，我要稍微談一下記憶。當我們經歷某件事，它就會收藏在大腦裡。不管你對這件事的感覺是好是壞，都是透過大腦中杏仁狀的杏仁核來處理。在我們的認知功能運作前，情緒反應就會先發揮作用。

　　而記憶最奇怪的地方是，每次我們回想某件事的時候都會改寫記憶。我們每次回憶，都像是第一次經歷。這是一個很棒的生存機制：大腦允許新的經驗來豐富舊的記憶，我們才不會一直陷在過去第一次經歷的體驗，也才能不斷變化、成長，走出創傷繼續前進。

　　2001年9月11日早上，第二架飛機撞進世貿中心時，伊麗莎白・菲爾普絲（Elizabeth Phelps）剛走進辦公室，就從窗口看到世貿大樓崩塌。跟很多人一樣，她完全不敢相信這是真的，也沒辦法繼續上班，整天守著CNN的新聞。她想去捐血，因為她跟很多人一樣都覺得很無力，希望能夠做點事。

　　但是，菲爾普絲博士不是必須第一時間抵達救災現場的前線人員（first responder），也不是軍人或記者。她研究

的是記憶，對於情感和記憶的關係特別感興趣，所以她跟全
國各地的同事決定調查民眾在911之後對於事件的記憶。他
們在9月18日發送調查表給曼哈頓居民，後來又在全美各地
發出好幾千份問卷，詢問類似下列的問題：

一、請問你怎麼發現美國遭到恐怖攻擊？

二、你最早發現這起恐攻是在東岸的什麼時間？

三、你最早是怎麼知道這件事（資訊來源為何）？

四、當時你在哪裡？

五、當時你在做什麼？

六、當時你附近還有誰？

七、你意識到這起恐攻時感覺怎麼樣？

這份問卷最後還詢問大家對這些記憶有多少信心。

一年後，研究人員又做了一次調查；然後三年後和十
年後又都做了一次。讓人驚奇的是，記憶雖然隨著時間經過
而變得愈來愈不準確，大家對自己的記憶還是很有信心。
菲爾普絲博士對《美國科學人》（Scientific American）雜誌
說：

你去看看911的回憶，大家都會說「我知道我在哪裡、跟誰在一起」等。每個人都覺得：「啊，我永遠忘不了！」但是我們過去30年來做了很多研究，發現大家的記憶未必正確。但你說他們的記憶有誤，大家也不信，你還要拿出資料證明他們記錯了。

　　面對像911這種會挑起情感的重大事件，我想我們對於一些重要細節記得比較清楚（跟中性的事件相比）。但是，我們對於細節的記憶力其實並不是很好，只是我們都以為自己記得很清楚，這就是兩者的差異。所以，我要是說你不記得26歲生日的詳細情況，你當然也不會覺得太驚訝。

我們的記憶就是這樣，即使是那些印象最深刻的記憶，也就是所謂的閃光燈記憶（flashbulb memory）也一樣會變，逐漸喪失情感衝擊，或是至少那個衝擊會發生變化、逐漸轉變。這其實是好事，不然，我們將一輩子帶著傷痛，那一天感受到的恐怖永遠不會消失或消退，也永遠不會過去或成為歷史，而是一直停留在現在。

　　問題是恐懼有時候會重新排列你的大腦狀態，讓你無

法忘記恐懼的感覺。那一小塊叫做杏仁核的神經結構，會告訴你什麼時候該感受到恐懼。最糟糕的是，它還會控制你的精神狀態，告訴你應該害怕。如此一來，不但會影響你的想法，還會決定你怎麼思考、能夠怎麼思考。

我們對於工作會擔心什麼？擔心沒工作、就此一直失業。擔心再也找不到一家公司去上班。

這樣的擔心很合理。現在一家公司的平均壽命已經縮短到幾十年而已。科技的不斷進步只會繼續無情驅趕，讓不能迅速適應新環境的企業滅絕。現實的確是如此。

解決的辦法就是要改變、努力適應，並尋求發展和進步。Scrum就是個人和組織提升改變能力的方法。但是要小心阻力和抵抗。企業中的任何改變與創新，都會刺激公司的免疫系統產生抗體來破壞改革。

為什麼會這樣？我們為什麼會這麼做？

我會舉三個例子，說明恐懼驅使我們接受一些瘋狂離譜的事情，讓我們以為只能那麼做。在那種心理狀態下，你不會質疑那些瘋狂離譜的事情，因為那就像是在質疑現實的本質。

瘋狂中的瘋狂

　　讓我帶各位到全球最大的汽車廠一探究竟。我發現大公司都有一個很奇怪的狀況,職位愈高、頭銜愈顯赫、薪水領得愈多的人,反而距離實際工作愈遠。而且我還發現,那些應該工作的人實際上沒有幫公司工作,只是忙著幫公司雇用另一家公司來工作。

　　所以,這家跨國汽車大廠要是聘用你當全職員工,就表示你什麼工作也不必做,我是說真的。你只要負責管理那些真正在工作的外包廠商就夠了。你要是升職,就會變成管理外包廠商的負責人的主管;日後飛黃騰達又會變成這些主管的主管。我知道這聽起來很瘋狂,事實就是這麼離譜。

　　這家公司要做個內部專案,負責追蹤經銷商業績並提供銷售獎勵。因為這個問題很簡單,所以他們找來幾位經理做這個專案,這幾位經理又找了幾個人來管理,這幾個人又安排幾個人負責。層層交付工作之後總算來到第一線工作人員,產線經理找外包廠商的大主管來指揮小主管、小主管指揮基層員工實際要做的工作。於是,最後這項專案大概有200人牽涉在內,我沒誇大也沒編造。

這項專案要開會，而且是開很多會。開會之前他們先開會討論如何規劃會議，就連要開多少會也都先開會討論過。這些主管、經理整天都在開重要的會，跟重要的人一起開重要的會，就是位高權重的表現。畢竟，公司的大咖群聚一堂，這一定是重要的會議。走過會議室玻璃牆的每個人都會看到高層群集，既然這些人很重要，這場會議想必是在做一些重要的決策。會議室裡那些人看到外面的人面面相覷、隱約感到恐懼，也會為自己的重要地位感到喜悅。

這些會議當然不會有結果。但工作報告的確很多，投影片上都說要完成好多工作，卻不是真的要完成的工作，而是一群人在討論另一些人怎麼工作。他們就這樣搞了5年，結果什麼也沒完成。這200人花了5年，一件有價值的工作也沒做出來。我可以發誓，這是真人真事。

我第一次聽到這件事的時候，在腦袋裡稍微算了一下。保守估算，這些人的平均年薪是75,000美元，再乘以200人，一年就是1,500萬美元，五年下來至少是7,500萬美元。而且考量到專案裡的管理階層，總金額可能更高。

那麼他們到底做了些什麼呢？他們做的事跟管理這種專案的人大概都一樣：要求更多人來完成這個真的很重要的專案，以管理經銷商的獎勵措施進行。只要能再多找幾十個

人，就可以完成這項工作。

最後，Scrum公司就被請去看一下這個爛攤子（老實說，這只是這家公司巨大爛攤中的一個小爛攤，而且也不是很重要），我們問的第一個問題是：「這項工作到底是誰在做？」我們的團隊花一個月才搞清楚。這家公司開會時展示一大堆投影片、組織結構圖，浪費好多時間。當我們請他們拿出實際完成的工作成果時，這些非常重要的經理和主管都很驚訝。他們只想展示關於工作的報告，並不是工作本身。

後來又開了很多很多會議，我們的團隊總算搞清楚這項專案到底有多少人在做：25人，而且大都是外包廠商。

我們團隊建議汽車大廠把專案人員裁掉175人。總產品負責人對高層表示，如果要知道工作進度，就來參加衝刺檢視，於是那些沒完沒了的會議總算告一段落。不必再開會，更不必為了開會而先開準備會議。然後，Scrum團隊開始排定優先事項，挑選應該做的工作並排定順序。團隊終於可以聚焦，朝著每一段衝刺的目標努力前進，並且固定每週展示工作進度。也因為他們做得很成功，有些經理就想進來搶人才去做他們的專案。但是總產品負責人敢對領導階層說：「不，我們不會提供進度報告。」「不，我們不會參加那些會議。」「不，我不做投影片報告。」「不」就是總產品負責人

最重要的單字。你要是再對所有事都說好，那什麼事都無法
完成。

　　從專案裁掉的175人只是做了不必要的工作，並沒有因
此遭到裁員，而是分配到別的專案團隊。幾個月後，留在原
先專案的25人，拿出5年來第一次的工作成果。

　　我覺得最奇怪的是，其實我們到達之前，大家也會聚
在走廊上竊竊私語，討論整個狀況有多瘋狂，卻沒人敢大聲
說出來。沒人敢說國王光屁股沒穿衣服。要是真的說出來，
就表示這項專案甚至整間公司都不需要那些經理和他們的主
管。

沒人要幫我們工作

　　Scrum公司常常接到公司組織打電話來，說他們想要盡
快改革。最近愈來愈多大銀行打電話給我們，其中甚至有資
產達到上兆美元的大財團。跟這些大銀行打交道時，有時候
很難理解那些天文數字的意義。

　　讓我稍微離題一下。我寫這本書時，世界首富是傑
夫・貝佐斯（Jeff Bezos）。根據《富比世》（*Forbes*）雜誌

的調查，他在2018年的身價是1,120億美元。他在我居住的
華盛頓特區買房子，那幢大樓以前是博物館，他總共花了
2,300萬美元；據說，他後來又花2,000萬美元翻修裝潢。
這聽起來實在很離譜，不過我稍微計算後發現，貝佐斯花
4,300萬美元就等於我花幾百元而已啊。27,000平方英尺的
豪宅對他來說，就跟我約會花錢吃頓夢幻晚餐一樣。貝佐斯
的資產達到國家等級，全世界有120個國家的國內生產毛額
（GDP）比他還少。他的個人資產可是排在摩洛哥和科威特
之間。

　　我說到的這些銀行，每一家的資產都比貝佐斯還要再
高一級。所以我跟其中一家銀行談話時問對方：「你們幹嘛
打電話給我？你們那麼有錢！」

　　他們回答：「可是沒人要幫我們工作。」

　　我不只聽過銀行這麼說，保險公司、大企業、製造大
廠也都這麼說。這些公司通常都是歷史悠久的龐然巨物，
幾十年來幾乎已經沒有競爭對手，自然失去改革求新的動
力。舉例來說，奇異公司（GE）調高新進人員的薪水，希
望吸引更多年輕人才。他們還舉辦過好幾次公開的黑客松
（hackathon）活動，針對千禧世代的年輕人製作精彩的廣告。

　　問題是，年輕人才進公司之後，卻得面對一個很無力

的制度和體系。他們的工作時間很長，沒什麼發揮創意的空間，頂頭上司每一件事都要管。然後，他們跟一些在敏捷管理企業的朋友聊天，發現對方的公司聽起來有趣多了。這些年輕人要是不喜歡現在的公司文化，很可能就會「用腳」投票，做出選擇。

德勤集團（Deloitte）每年都對全球千禧世代做調查。最近一次調查發現，根據受訪者是否願意在職兩年以上作為衡量標準，千禧世代對於公司的忠誠度已經大幅降低。超過半數受訪者都表示不希望五年後還停留在同一家公司。除了薪水之外，是否具備正向的企業文化，以及工作時間、地點與做事方式是否靈活彈性，都是促使他們跳槽的主要因素。

企業常說想改變、要維持靈活應變。但你要是說明必須做哪些事才能維持靈活、促進改變，他們又會說：「這個在這裡行不通。」「我們這裡都是這麼做。」「我們都是用這種方式做事。」「對，我們想要獲得Scrum的好處，但不想改變行為。」這實在太荒謬！

要改變或是靈活應變都沒問題，但你要真的願意改變。有一家跟我們合作的硬體製造商決定把整家公司大翻新，讓全體員工分屬不同的Scrum團隊。但是，員工就開始起疑，因為他們以前也聽過這些話：要加強授權、排除障

礙，要更聰明的提高效率而不是捲起袖子拚命。

於是我們為那些工程師安排為期兩天的Scrum訓練課程。第一天結束時，公司的新領導者知道自己必須站起來做點什麼，才能博得信任。這些工程師好像都不相信公司「有可能」改變，所以新領導者在第二天課程開始的時候，就先對大家發言。

「我們必須改變工作方式。」他的聲音低沉且粗啞：「因為現在的狀況很糟，我們大家都知道，而且所有人都覺得很痛苦。」

全場一片靜默表示同意。

「我們都想把事情做好，」他繼續說：「希望做出最棒的產品、為自己的工作感到自豪。」

然後他談到那些必須排除的障礙，就從公司大廳的男廁開始。那間廁所已經故障好久，久到大家都記不清楚有多久。

「我們都很厲害，懂得用膠布把廁所門封起來，還會做個牌子標示『故障』。」他停下來想了一下又繼續說：「但我們為什麼不直接把廁所修好呢？這本身就是個問題，所以我們現在就要把廁所修好！」

全場蕭然起敬，我是說真的。最後有位男員工說：「也

該是時候啦，謝謝。」

另一位採購部門的女士說：「那真是太好了，不過，你們也可以為隔壁女廁的洗手檯做點事嗎？」

「可以啊！」那位領導人說：「只要你先告訴我和你的Scrum大師哪裡出問題，不然我們不會知道。我們需要你說出來，告訴我們是什麼狀況拖累你的速度。」

「先從那個洗手檯開始，我才會相信你們是認真的。」她回答。

所以他們就先搞定洗手檯了。

就算只是最簡單的小事，也不要認為東西壞掉可以放任不管不必修。

清晰的風暴

2017年我跟美國一家大型公用事業公司交談，他們說，公司的問題從派車協助客戶維修的次數就可以看得一清二楚。不管維修的項目是什麼，例如電線掉落、新屋供電或變電所維修等，他們常常都要跑五趟才能解決問題。光是一位客戶、一個問題，就需要先後派出五位工作人員才能搞

定。客戶當然很不高興，而且對這家公用事業公司來說，不只成本太高，也實在非常浪費。

為什麼會這樣呢？結果發現，有時候他們到現場才知道通報的狀況有誤；有的是給錯地址；也有到現場才發現沒帶合適的裝備或需要技術支援；或者有人忘記叫控管中心斷電，他們不能上電桿工作。他們說，最糟糕的狀況是，前一部車去處理問題，才剛在回來的路上，下一部車又要趕過去處理相同的問題；或是兩部車分別派遣到現場，才發現地點其實就在隔壁，派遣協調的狀況很差。

我很好奇怎麼會有這些狀況。結果發現，安排卡車的人跟任務調度員不在同一組。而且，負責把工具放在卡車上的是一組人；在控制中心負責電纜供電的人又是另一組人；實際坐上卡車的工作人員也是不同單位；然後，處理住宅區和商業用電的維修人員也分屬不同的部門。

聽起來很熟悉，對吧？這些不同的單位就叫做功能小組，客戶的要求就是要經過這一個又一個小組輪流處理才會完成。但是，這些小組並沒有根據各自的利益、優先次序或權力結構來進行整合，更不是為了提供客戶價值而建立，而是為了獲取公司內部的利益。當然大家都會說客戶至上，現在更是琅琅上口，但多半沒有實際的作為。

　　但再來發生的事情就有趣了。美國每年都會有颶風來襲，狂風暴雨從加勒比海或南大西洋吹來，席捲東南沿岸。自從政府開始追蹤颶風與熱帶氣旋以來，狀況最嚴重的是2017年。當年總共有17個正式命名的風暴，包括10次颶風，其中有六個強烈颶風達到第三級或更高等級。瑪麗亞（Maria）和伊爾瑪（Irma）兩次颶風直接摧毀加勒比海群島，猛襲佛羅里達。哈維（Harvey）颶風把加維斯頓和休斯頓變成水鄉澤國，真是非常慘烈的一年。

　　颶風破壞掉通訊和供電，有時候要經過幾週的搶修才能恢復正常，在波多黎各甚至可能會拖到好幾個月。有一次，在風暴過後一個月，我到這家公用事業公司工作，當時最高曾有幾萬個用戶還沒有恢復供電。

　　他們把這段時期稱為「災後搶修期」，大家都會同心協力，努力恢復住家、醫院和城市的供電，這時候所有障礙就通通不見了。維修人員來自四面八方，齊聚一堂，行銷部副總經理一大早就忙著分配炒蛋餵飽大家，部門壁壘都消失無蹤。當民眾的生活受到威脅，這些人都以自己的工作為榮，赴湯蹈火，在所不辭。

　　颶風過後，他們打了一場漂亮的仗，不再拖延好幾週，而是短短幾天就恢復電力供應，實在驚人。然而，搶修

完成以後，大家四目相交，疲憊而躊躇滿志，卻又回到以前的工作方式，要派五次車才能解決一個問題。

搞清楚規則的由來

有一年，全國公共廣播電台叫我去支援新聞節目《晨間版》（*Morning Edition*）當執行製片。這個工作相當有趣，要負責掌握報導的內容、順序以及時間。雖然半夜就要去上班不是特別愉快，但是工作本身很有趣。

某天，忘記是在處理什麼新聞的時候，我想連放兩段採訪，然後再進下一條新聞，例如選舉、軍事消息、國會鬧劇之類。反正，我安排好之後就記在板子上，這時候有一位已經在節目裡做很久的製作人說：「這樣不行。」

「什麼不行？」

「兩段採訪不能擺在一起。」

「為什麼？」

「這是規則。」

「這條規則也太蠢了吧！」

「這跟節目品質有關，J.J.，你只是來支援的人手，大概

不了解我們有多看重《晨間版》的音質和內容品質吧。」

「你是說真的嗎？」

「你看，都寫在這裡了。」

他拿下一本三孔活頁夾，上頭貼著「晨間版製作指南」之類的標籤，裡面果然有條規則說我不能那麼做，所以我也不再堅持。

但後來我花了三天去找到底是誰定下那條規則，因為我想跟他談一談。最後我接到傑伊・科尼斯（Jay Kernis）的電話，他就是在1978年推出《晨間版》的製作人。

「傑伊，我覺得那條規則很奇怪。」

「哪一條？」

「不能把相同的內容擺在一起的那條規則。」

「喔，那是因為以前盤式錄音機倒帶的速度不夠快，所以錄音採訪無法連續播放，中間要拉開空檔。」

我可以跟大家說，中控室裡還真的有好幾台盤式錄音機，但那只是因為它們實在太重，沒人想扛出去扔掉。而且我們早就改用數位播音系統好幾年。

我講這段故事是因為，我很確定貴公司肯定也有一些莫名其妙的規定，每家公司都有。我知道有一家公司，光是網頁更新內容就要耗時三到六個月，因為好幾年前網站內容

出問題，被主管機關罰錢。於是，公司成立法規小組審核所有內容，不論更新什麼內容、也不管需不需要，一律先送審。法規小組的負責人自己打電話跟我說，他那個小組就是公司的障礙，但連他都沒辦法繞開這條規則。我反問他，你們審閱的內容當中真的出現法規問題的比例有多少？他說大概就是10％吧。我建議他：「在團隊開始著手撰寫更新內容之前，何不先看看他們的工作清單，把可能出問題的部分挑出來，說明該怎麼修改比較好，你看這樣如何？」就在這麼一項小小的改變之後，現在網站就可以每天更新了。只是簡單的調整，就完全改變團隊能做到的事。

請注意，我不是說當初設定規則的人很笨或是故意搞鬼。這兩條規定在當時都合情合理，但後來狀況改變，科技進步、法規也經過調整，整個大環境都不一樣了。我常說這種規則就像是「組織的瘡疤」（organizational scar tissue）。要是有條規則看起來很蠢，事實上它可能就是很蠢，你應該研究一下可以找誰把它改掉。一定有人可以改掉這條規則，畢竟它又不是自然法則。

在安隆（Enron）、世界通訊（WorldCom）和泰科國際（Tyco International）爆發詐騙弊案之後，美國在2002年完成立法，簽署《沙賓法案》（Sarbanes-Oxley Act, SOX）。大家

都知道，《沙賓法案》設有罰責，極具威懾：企業執行長或財務長如果偽造文書蓄意欺騙法規審計委員會，將面臨最高 500 萬美元罰款及最高 20 年的刑責。這可不是開玩笑！所以，在美國證券交易委員會註冊登記的上市公司和跨國企業，以及和這些公司有往來的會計師事務所，都必須符合《沙賓法案》的要求。

這些公司每年都要聘請外部審計員進行財務審計和內控檢查，重點是財務資料的取用、安全性、管理變更和資料備份確實與否。檢查得相當徹底。

幾年前我的同事金姆・安泰羅（Kim Antelo）到一家跨國大廠工作，他們製造跟飛航有關的產品，重要性可見一斑。她的團隊完全採用 Scrum 作業，當時沙賓法規審計小組在沒有提前通知的情況下突襲檢查。審計員找她去開會，說他們找到好幾項缺失：團隊缺少這個、沒做那個，內部控管不力，而且還沒有堆疊成山的的商業需求文件（Business Requirement Documents, BRD）。

「你沒說錯，」她說：「那些東西我們都沒有。但我可以證明，我們實際上採用更有效的方法完成你對我們的要求。」

其實《沙賓法案》並沒有強制要怎麼做內部控管，它只是規定你要能夠證明公司有正確的內部控管方法。她請審

計員先退一步思考內部控管的精神與存在的理由，然後帶領他們深入了解團隊如何達到法規的要求。

「我們確實沒有你們要找的商業需求文件，但我們有一位產品負責人，每兩週安排一次衝刺，並且按規定做好記錄。各位在產品待辦事項清單上可以清楚看到寫程式的人是誰、找誰來做同儕審查（peer-review）、誰提出合併要求、又是誰批准合併要求。你們可以看到所有的測試內容與文件記錄。」她指出，Scrum的方法比傳統審計的要求更加透明，可以提供更多過去與目前的作業資訊。

「你說的沒錯！」審計員說：「這套敏捷作業的方法的確比較好。」

她以為事情應該到此落幕，沒想到這家大集團總公司的資訊長請她去主持一場會議，向集團內所有高階主管報告這件事得以圓滿解決的始末。

那位長官對大家說：「舊規則已經不再適用，我們需要做什麼，才能讓事情更順利呢？」

我很清楚知道，各位面對某些規則時也是無能為力，有時候公司政策上行下效，所有部門只能遵行，你就是無法改變。這種狀況我很了解，但是各位至少要去試探一下它的底線何在，去看看你認為不可動搖的鐵則，是否真的絲毫不

可鬆動。

　　我再舉一個例子。多年前西門子公司（Siemens）簡直要被那些行政文件和報告淹沒，而且完全沒有人握有變更規定的權力。後來，有個團隊開始做實驗，偷偷在文件的內文中塞進一串亂碼，然後附上一支電話號碼，提醒發現內文有問題的人可以打電話詢問。要是六週內都沒人打電話過來，他們以後就不再製作那份文件或報告。如果盲目照規則執行、毫不思考，結果就是由規則管理人，而不是人去管理規則。這真的是太瘋狂了，簡直像是卡夫卡的作品般離奇。偶而就讓那些規則展現出自己存在的理由吧，我們都有權利知道。

看起來不對勁的事通常就是不對勁

　　我在這一章談到的那些狀況真的都很瘋狂，我也不用說得太詳細。但我覺得讓人最抓狂的是，很多人身在其中毫無自覺，完全看不到狀況有多麼不合理。讓人難過的是，這種狀況實在過於普遍。我敢說你們都覺得這些狀況很瘋狂，但是我也敢打賭，要是我們去貴公司或貴組織詳細檢查做事

的方法，一定也會發現很多類似的瘋狂狀況。各位要是說過
下列這幾句話，那大概就是囉：

> 「我們這裡都是這麼做的啊！」
> 「那個永遠不會改變。」
> 「我知道這樣好像很瘋狂，不過……。」

　　要是有哪個地方或什麼人看起來很不對勁，那麼大概
就是不對勁。但人類是適應環境和讓自我正當化的奇葩，這
是我們的生存方式，才會一直都這麼做。我們一旦發現身處
萬般艱難的環境，便會做點心理調整以求生存。我可以跟大
家保證，不是只有你會這麼做；而且不管你在高層或基層都
一樣，我們都有相同的問題。所以，我們要做的是，在團隊
周圍設置護欄，但要告訴他們這些規則的目的、意義以及存
在的原因，同時賦予他們挑戰這些規則的能力，要是這些規
則已經失去意義或不能發揮預定的效果也可以更改。

　　你認為那些工作太多、時間太少的高階主管，真的都
希望維持原樣就好？他們會說自己只是因應外界的各種壓
力，順勢而為。不管在銀行、電力公司或是產業大廠，這些
主管的狀況都一樣。大家期待他們可以解決問題，但其實這

些人跟其他人沒兩樣，都是體制和制度的產物。主管常常覺得自己遭到命運翻騰擺布，是因為知道自己必須承擔許多不同的壓力。

據說藥物上癮的人要戒除惡習，就是要先承認自己有這個問題。這個說法可能是真的，因為會來找我談的業界人士，也都知道自己有問題：沒辦法把工作搞定，工作環境不佳、老舊或不夠完善。除非事情有所改變，不然狀況會愈來愈糟。

就我而言，第一步就是承認：「對！我現在碰上問題，但是我可以解決。我可以改變狀況、做一些不同的事情，不必一直維持原樣。」

我們的確可以不必維持原樣，就算是大型組織也可以迅速變化。為什麼？因為組織跟人類一樣，都是善於緊急應變、能適應複雜狀況的系統。我們不能透過理解個別細節的部分，去理解整體的狀況；這一點也不奇怪，從個人到群體都是如此。我們並不是系統中特定部分的產物，而是這些個別部分互相激盪而生的產物。

在個人層面上，這是大腦和思想、意識之間的差異。你的大腦裡並沒有任何一個部位可以稱為「你」；「你」並沒有待在前額葉皮質，對大腦其他部位發號施令。當你說

話、接球或解決非常複雜的物理計算時，也不是由大腦的某一個部位來指揮其他部位。我們大腦中各種系統是以複雜、甚至惱人的方式相互連結，這些系統交互作用的產物就是「你」，由你的許多不同的自我結合而成。事實上，我們就是在連結大腦與身體的各種神經元與電流之間，彷彿在刀鋒之上勉力維持平衡。一旦任何一方壓力過大，或者電流方向改變，「你」也就會跟著改變。會發生這種狀況，可能是你在運動或是頭部遭到重擊，也可能是因為沉思冥想、墜入愛河、感到害怕恐懼，或面臨後果驚人的事情。

我們每一天醒來，都是不同的人。大腦中的各個部位都會互相連結、測試，衡量電流狀況，但我們完全無法以理智定義這套流程。各部位互相連結後產生的結果，又大於各個部位單獨作用的結果總和。「你」其實是從睡眠中浮現出來，你的自我身分認同概念一直都只是一種幻想。不過我們都相信自我是持續不斷存在，因為要承認自己只是斷斷續續的存在，實在讓人不舒服。

組織也跟人一樣。不同的成員每天聚在一起，彼此之間的交流往來決定了組織當天的狀況。他們會遵循某些對話與做決策的規則。但這個組織每天都像是重新創造出來的一樣，這就是決策的結果，組織並非必然不變。

為什麼好景不常？

麻省理工史隆管理學院（MIT Sloan School of Management）的教授奧圖・夏默（Otto Scharmer）博士曾提出一套理論：我們所有人都會害怕，因此受到恐懼的驅使和控制。

很多研究也顯示，陷於害怕恐懼的人不容易發揮創意，比較傾向採用舊模式，也就是夏默說的「下載」（downloading）模式。面對難以理解、瞬息萬變的世界，我們會「下載」過去的行為當作行動準則，就算那些做法在目前環境中顯然無效甚至會產生反效果。但我們反而會設下障礙來保護這些行為，不願意做出改變。當我們不能控制世界的改變，至少可以控制自己要改變多少。結果，就被時代淘汰了。

夏默說，要擺脫這種恐懼進而展開行動，我們必須克服心裡的三種聲音。

批評指責的聲音

第一種是批評指責的聲音，指的是我們用現有的世界

觀評判新資訊，即使面對確實的事實或數據也毫不動搖，因為我們只想接受可以證實自己原有信念的資訊。現在全球有許多國家的政治局勢趨於兩極化，很多政治學家都在研究調查中看到這一點。不管面對什麼狀況或行動，人們只會從各自的黨派立場看待事物。不管有人說什麼或做什麼，都只是強化原本的對立，而且立場只會有兩種：「我們這一邊」跟「錯的那一邊」。整個世界非黑即白。

　　這種「確認偏誤」（confirmation bias）源於缺乏批判性的思考能力，我們的生活中都有可能出現。這時候最重要的事，就是先意識到這個問題正在發生，不只是發生在與你強烈衝突的人身上，也發生在你身上。如果你是組織領導者，就要特別注意公司內部也會出現確認偏誤。這個問題會限制組織成長與變革的能力，甚至影響整個組織的思考能力。當你想要實施變革時，往往因此激起強烈的反抗。

　　只要先「承認」有這個情況，就會是克服問題的有力工具。我們的恐懼往往出自於保護某種東西的意圖。以前跟我合作過的一家公司，以最優秀的工程技術水準享有盛譽。當我們引薦 Scrum 時，最大的阻力來自中階主管，他們就是批判的聲音的化身，不只死命抵抗變革，甚至在高階主管的背後搞小動作、暗中破壞公司亟待實現的轉型計畫。這些中

階主管在會議中陽奉陰違答應要配合，背地裡卻想方設法抵制、阻撓革新方案。

　　起先，我的反應大概就跟他們看到我的反應一樣：「這些卑鄙小人加白痴！」這樣想雖然心裡很爽，可是什麼也解決不了，就算你是對的（而且我的確是對的）。他們只是抗拒改變的恐龍，會害死這家公司，只有我能拯救公司。

　　結果並不意外，我其實錯得離譜。他們只是想要保護自己在職場上奉獻多年的心血。這些中階主管就是公司獨有的文化，也是這家公司企業文化的體現。他們認為 Scrum 正在威脅這個文化，威脅他們的生計和整家公司。他們付出心血創造出來的卓越文化維持已久，讓他們引以自豪。所以，我必須讓他們知道、也要說服他們，我不是來催促他們改變理想，而是這套新方法可以增強能力，讓他們以更快的速度、更好的品質達成理想。我必須證明給他們看，Scrum 可以使他們充分體驗到這個強烈感受。

質疑嘲諷的聲音

　　夏默說的第二種聲音是質疑嘲諷的聲音。我當過20年的記者，質疑嘲諷可是聽到耳朵長繭。我做過許多戰爭的軍

事新聞報導，大眾最喜歡的反應就是質疑嘲諷。對那些沒有
事實根據的事情採取質疑態度是健康的反應，我們都希望新
聞記者抱持這樣的態度。

但是對組織來說，凡事都抱著不信任的嘲諷態度，就
完蛋了。如果一家陷入困境的公司裡瀰漫著譏笑嘲諷的反
應，那完全可以理解。畢竟管理階層說的是一回事，做的又
是另一回事。或者只是一時興起，沒有考慮周全就進行重組
調整，或採用讓自己感覺更好的靈丹妙藥，結果只是讓大多
數員工的工作變得更糟。

有一家全球知名的大企業跟很多大型組織一樣，一旦
面對瞬息萬變的世界，才發現很多狀況都搞不定。公司裡所
有人都很忙，但就是無法推出新產品。眼看著競爭對手開始
蠶食公司的市占率，創新者也不願意被挖角。在許多新創領
域中，這家公司一再錯失良機，已經收購的新創企業更難以
融入公司，遲遲無法達成當初併購的初衷與規劃。

大概在一年前，公司執行長決定採用敏捷管理方法，
將整家公司重新改造：授權給員工；把決策權下放給最了解
市場的團隊成員；鼓勵創新，培養不怕犯錯、就算犯錯也能
馬上修改、快速吸取失敗教訓並且以此為豪的文化；打破部
門的壁壘。執行長在年度報告中信誓旦旦，非常認真。

　　可是這份決心好像只停留在高層，你只要跟中階或基層員工談過，就知道情況並不樂觀。他們冷嘲熱諷的說，執行長怎麼說根本不重要。那些中階主管根本紋風不動，他們才不會讓團隊自己做決定，更不會打破部門壁壘，任何讓公司「敏捷」起來的事情都不會發生。因為這不是他們第一次參加這種培訓課程或公司大會，追蹤進度的電子郵件也收過好幾封，但什麼改變都沒有發生，所以他們怎麼會相信這次不一樣？

　　質疑嘲諷的態度其實是要保護自己的情感，免得希望破碎時受到傷害。先把自己和正在發生的事情稍微區隔開來，日後如果面臨失敗才不會覺得痛苦。這是人類與生俱來的本能，但這種態度會腐蝕積極進取的行動力、破壞婚姻，也會摧毀公司企業。明明只是求生的本能機制，卻導致情感上的背叛。

　　於是，我跟他們說：「把執行長的宣言白紙黑字印出來。要是經理、專案總監或任何人因為抗拒改變而阻止你做該做的事情，例如以職權命令你，或執意要你先做15件最優先的事，你就拿出執行長的宣言問他們：『難道執行長在說謊嗎？』如果這些主管仍然堅持己見，那就往上去找他們的主管和主管的主管，必要的話，還可以直接去找執行長問清楚。不過我認為你不必做到這個程度，因為執行長要是真

的認真看待改革計畫，當你向上投訴主管不願意接受新計畫時，更高階的主管應該會很快提出糾正。要是這些都沒發生，那你就知道公司其實也不是真的很在意。」

雖然神奇，但毫不意外，我的建議起了作用。即使緩慢，但情況確實逐漸好轉。雖然改革還沒完成，但公司裡一個團隊接著一個團隊、一個據點接著一個據點，每次都能順利完成一段衝刺，整間公司都在進行真正的改革。這需要紀律、聚焦、承諾和投入，但都是可以完成的事。

害怕恐懼的聲音

夏默說的最後一種聲音，我在本章一開始就提過：害怕恐懼的聲音。各位現在想著自己的工作中最重要的那項專案，然後回答我的問題：要是失敗了怎麼辦？老闆會怎麼看我？團隊會怎麼看我？如果我被開除，家人會怎麼看我？爸爸會怎麼看我？

這就是恐懼，真正的恐懼。

恐懼盤踞在我們的心上，安穩的常駐在大腦中央那顆小小的杏仁核裡，早就準備好叫我們放棄所有明辨的思考，只要選擇戰鬥或奔逃。這就是會讓我們在半夜驚醒的恐懼。

　　然而，如果想要創造新事物、引導他人進入未知的新領域、擁有優秀的團隊或是建立出色的企業，我們就要先承認恐懼，並且擺脫恐懼的束縛。我們必須適應不確定的狀況和變化，在資訊不完整的限制下做出決策。儘管迷霧籠罩也要放眼未來，對大家說：「我看到了，改變是真的，我們可以一起抵達！」

　　愛德華茲・戴明（W. Edwards Deming）在第二次世界大戰後，把整套不斷改善提升品質的概念傳授給日本人。後來，他也非常關心美國企業，並在1980年代出版《轉危為安》（*Out of the Crisis*），因為他看到當時美國產業界正面臨與日本戰後相似的生存危機。書中列出企業應該做的14件事，例如：「持續不斷的改善」、「建立領導風範」等。不過我特別關注第八點：「排除恐懼」。

　　戴明說，有恐懼的地方，數字就會出錯。管理大師彼得・杜拉克（Peter Drucker）也說過：「現代行為心理學已經證實，巨大的恐懼會帶來威脅逼迫，零星的恐懼會引發怨恨抵抗……就算只是一點點恐懼都會破壞積極動力。」[1]

　　我還可以引用許多資料證實，安全感與信任感和建立優秀組織大有關係。但總歸一句話，恐懼就是戕害心靈的兇手。對你自己、你的團隊還有組織都是如此。

　　這就是為什麼我們無法一直維持在「災後搶修」的狀態：因為大家害怕而不敢做出必要的改變，擔心破壞產業，甚至害怕危害地球。老實說，這些恐懼都有道理，但是卻只會讓你和組織陷在否定和報復的惡性循環裡，把人當作隨時可以替補的齒輪，把顧客視為敵人，而同事就像善於背叛的陰險小人。

　　這樣活著也太消沉厭世了吧！

　　你可以不必這樣過活，明天一早醒來，你就可以決定跟過去不一樣。

人際交流與聯繫

　　我最近跟一橋大學的野中郁次郎教授共進午餐；一橋大學是日本一流的商業大學；1986 年，Scrum 這個詞首次出現在論文當中，野中教授正是這篇論文的共同作者。他說，要創立偉大的組織、完成偉大領導者的使命，就要先創造出可以促進創新的環境，而這樣環境就存在於人際的交流與聯繫之間。他以日語「場」（ba）來表示「產生意義的環境脈絡」：人與人共享的空間，即是創造知識的基本場域。

　　野中用「觀點」作為比喻說明自己的理論。當我們提到自己的時候，是以第一人稱說話：「我做了這件事」、「我覺得……」、「我是……」，這就是佛洛伊德說的「自我」（ego）。當我們說到組織或團體，我們會用第三人稱：「他們做了這件事」、「這個地方是……」、「這家公司就是這麼做」。如果我們停留在這個層面，把世界看成個別的單獨個體，在組織層面上區分「他者」與「非我」，狀況自然就會變糟。如果我們把人與人之間的互動都視為交易，就只會看見自相殘殺的世界：跟我們意見相左的人都是邪惡意識形態的走狗，威脅著我們的日常生活；世界上只有零和遊戲，你死我活、我勝你敗，只有傻瓜才不這麼覺得。這是站在匱乏困苦與自私自利的觀點看待世界的哲學。

　　野中教授說，要促進創新和創意的環境，就是要從「我」和「他們」的視角轉變成「我們」，人類就存活於交流與聯繫之間。人類的日語漢字寫成「人間」，強調的正是人與人之間的關係。人類只有在人與人的交流聯繫下才得以生存。當我們建立起夥伴關係、參與團隊、和他人一起工作，或是集合數百支團隊一起邁向同一個目標時，創造出來的成果必定遠遠大於各個獨立個人或群體的成果總合。這樣的結合才能塑造身分、發揮個性，形成生命。這就是為什麼我們總會為了

團結一致歡欣鼓舞，看到團隊分崩離析就感到消沉。這就是為什麼孤兒、寡婦讓人悲傷，而家庭、婚姻、生兒育女總是讓人快樂振奮。這就是為什麼我們在專案開始時激動興奮，專案結束後共同經歷暴風雨的團隊各分東西時總感到落寞感傷。這就是為什麼分離只有艱難痛苦，大家重聚一堂才是其樂無窮。因為人類只有在人際關係之中才感到最自在。

我們 Scrum 公司的員工遍布全球。撰寫本文時，我們在日本、德國、美國德州與麻州、英國、澳洲、新加坡和墨西哥都有派遣團隊，各自在全球各地工作。但是，每一季我們都會找個時間休息幾天，所有人飛到特定城市見面，一起聊天、吃吃喝喝或是做點好玩的事。這段時間我們不太工作，見面是為了保持聯繫、維持交流的「場」能夠健康穩固。其實，光是從 Slack 上爆發爭論的頻率，我就可以推斷出大家多久沒碰面了。每次大概都是見面過後十週大家就開始出現磨擦，簡直像是上發條一樣準時。舉辦這種聚會雖然費用和機會成本都相當昂貴，卻能造就一支更快樂、更團結的團隊，實在很值得！

領導者的工作就是確保大家都有健康的關係、穩固團結的力量，以及可以孕育出解決問題、促進創意與創新的肥沃土壤。人際的交流與聯繫正是消弭恐懼的解藥。

重點摘要

找出不合理的瘋狂行為。身陷瘋狂處境的人往往涉入其中，難以察覺自己有多瘋狂。所以我們才會常常聽到有人說：「我們這裡都是這樣做」、「這個永遠不會改變」或是「我知道這看起來很瘋狂，可是……」等。與不合理的瘋狂對抗是場零和遊戲，如果瘋狂贏了，你就輸了！

搞清楚規則的由來。規則設立時都有合理的理由，但狀況會改變、科技會進步，整個大環境都在改變。所以當某些規則看起來很愚蠢時，它可能真的就是很愚蠢，你要弄清楚誰可以改變規則。一定有人可以改變規則，畢竟這又不是自然法則。

牢記「災後搶救」期。我們總是可以採用謹慎、專注的工作方式，但大家會因為害怕而不敢做出必要的改變。老實說，這種恐懼合情合理，卻會讓你和組織陷入否定和報復的惡性循環之中。明天醒來的時候，你可以決定跟過去不一樣。

找到自己的「場」。這是人與人共享的空間，是創造知識

的基礎場域。當我們與人合作、參與團隊,或是跟許多團隊邁向同一個目標,創造出來的成果遠大於單獨作業的成果總合。領導者的工作就是確保這些關係健康、團結的力量穩固,就能孕育解決問題、促進創意與創新的肥沃土壤。人際的交流與聯繫正是消弭恐懼的解藥。

整備清單

■　請回想一下奧托・夏默提出的三種聲音：

- **批評指責的聲音**。我們用現有的世界觀評判新資訊，即使面對確實的事實或數據也毫不動搖，因為我們只想接受可以證實自己原有信念的資訊。

- **質疑嘲諷的聲音**。質疑嘲諷未必都是壞事，但太過分就會危害組織的運作。時時抱持質疑心態的人總是反對新的改變，不管變革是好是壞，他們總是視為安慰人心的謊言，只能讓人心理上好過一些，卻會把工作變得更糟。

- **害怕恐懼的聲音**。請想想自己的工作中最重要的那項專案，接著回答下列問題：失敗了要怎麼辦？老闆會怎麼看我？團隊會怎麼看我？如果我被開除，家人會怎麼看我？

    哪種聲音最能描述你現在的感受？要怎麼補救？

■　有沒有哪條規則或哪種狀況其實不合理，你卻把它們當作是正常現象？你曾對抗過哪些不合理的狀況？為什麼前者的狀況比後者更頻繁發生呢？

■　是否跟工作夥伴保持交流聯繫？請做點事促進交流。

第 **6** 章

改變文化

　　里卡多餐廳（Riccardo's）是倫敦切爾西（Chelsea）附近一家當地的小餐館，紅色遮雨棚上的餐廳名稱下方，有一行白色的字寫著「托斯卡尼的美味」。餐廳菜單上當然都是托斯卡尼的經典美食：番茄羅勒麵包湯（pappa al pomodoro）、雷伯利塔回鍋燉菜（ribollita）、鹿肉醬膾麵（pappardelle con ragú di cervo）等。里卡多・馬里蒂（Riccardo Mariti）在1995年開了這家餐廳。他的爸爸出身托斯卡尼，所以里卡多小時候在祖母家的餐桌上留下許多美味食物的美好記憶。這家餐廳室內可容納90位客人，如果天氣不錯，露天餐區還有40至50人的開放空間。生意不錯的夜晚，餐廳一晚可以翻桌兩、三次。

　　幾年前，里卡多曾一度覺得餐廳的管理方式已經糟到沒有救了。他告訴我，當時餐廳員工階級分明、鬧得很凶，餐廳已經變成最不幸的工作場所。經理和大廚根本就在虐待團隊成員，完全不讓他們自由思考。那個時候他甚至想過拋開一切，直接把這個地方賣掉算啦！

　　後來，他在我的第一本書中發現Scrum，也開始一場接著一場參加Scrum公司的訓練課程：先在德國、然後到瑞典，然後是美國的波士頓。隨後他回到自己的餐廳，就此改變一切。

「Scrum這套方法裡，沒有人會叫你該怎麼做，」他說：「而是告訴你需要完成哪些工作，你得自己去找出最好的方法。你知道嗎，這些真的讓我很有共鳴。」

他回去之後跟員工說，餐廳需要一套全新的營運系統，這是經營餐廳的新方法。他保證大家的工作都有保障，但不會再局限在單一角色裡，員工之間也不分經理或部屬，包括他本人在內，都是團隊成員。

他讓大家一起分享利潤，有些人因此很支持他，但有些人還是不買帳。然而過去那種階級對立的情況已經完全改觀，從以往的專制獨裁變成階級扁平的組織。沒有職稱頭銜、也沒有主管部屬的區別，只有大家一起努力，為客人提供更好、更快也更讓對方滿意的服務。

里卡多發現，組織結構就是文化，而文化介定了組織的極限。僵化的結構只會產生僵化的文化和產品結構，讓改變革新更加困難。團隊是如此，組織更是如此，也因此更加不容忽視。

而且，公司結構並不只是表現在組織的結構圖上。我的導師是貝恩策略顧問公司（Bain & Company）的德瑞・李格畢（Darrell Rigby），他曾跟我說過，兩家不同的公司就算組織結構圖非常相似，在文化和經營模式上還是可能有非

常大的差異。

「我發現，從組織運作的大脈絡來談營運模式比較容易，」他說：「也就是把『我們的目標和熱情是什麼？』『我們的領導者有什麼表現？』『我們有什麼樣的文化？』『我們的策略系統如何運作？』『預算如何安排？』和『我們雇用什麼樣的員工？』全部綜合起來。組織結構圖只是營運模式的眾多元素之一。」

他把組織結構圖視為公司的硬體。硬體固然重要，但更重要的是操作整個模式的軟體。我認為，要改變就必須兩個都改變，才能達到最好的效果。

所以，公司的結構並不只限於組織結構圖上畫出來的樣子，而是包括你選擇的價值觀或是著重哪些獎勵。這是你經過選擇、組織團隊而呈現出來的成果。從這些要素之中就會展現出組織的文化。你沒辦法指定組織文化要變成什麼樣子，但是要讓它能夠創造發揮。有了一副完整的骨架，它才會成為具備創造生產能力的公司。

人的限制

　　有些事情我們都希望它們不會發生，最終卻還是避免不了。它們似乎躲在人類本性的深處，當你把大家聚集起來一起完成工作的時候，它們就會出現。我們都應該對此有所警覺。首先，要注意「康威定律」（Conway's law）；這條定律命名自馬文・康威（Melvin Conway），他在1968年的論文〈委員會是怎麼出現的？〉（How Do Committees Invent）最早談到下列概念。「組織在設計（廣義）系統時，」他寫道：「只能設計出與溝通結構一模一樣的系統。」[1]

　　順帶一提，風火輪小汽車、豆袋懶人沙發和密封夾鏈袋也是在1968年問市。康威定律跟這些商品一樣，都通過時間的考驗。麻省理工學院、哈佛商學院、馬里蘭大學甚至微軟公司研究員一再證實，康威定律提及的情況如假包換存在組織當中。

　　我們必須注意的第二個重點叫做「夏洛威推論」（Shalloway's corollary），最早是由網路目標公司（Net Objectives）執行長艾爾・夏洛威（Al Shalloway）提出，他長期思考下列主題：「開發團隊要是改變開發人員的組成方

式，原先採用的應用架構反而對他們不利。」

　　我們稍微討論一下這兩個概念。康威定律基本上指的是，不管你是在製造產品或進行任何工作，例如寫軟體、做汽車、製造火箭船或是開餐廳等，組織的產品或服務在組合結構上，都會反映出組織的溝通模式。如果組織僵化、階級嚴明、抗拒改變、隱藏資訊、溝通停滯，那麼產品會變成組織的翻版，同樣僵化、階層分明、抗拒改變，而且不好維修、很難升級，也很難適應新的現實變化或影響力量。

　　這種狀況未必會顯現在組織結構圖上。但你可以組成一支跨部門、跨職能的Scrum團隊；你一開始大概只能做到這樣。這時候，團隊的溝通結構可能和組織結構不一樣，但隨著時間過去，你會開始想要修改組織結構來反映溝通途徑，否則它們會互相衝突。所以，最好能夠調整出一種新的結構，幫助工作順利進行。

　　就像製造產品一樣，我們一開始不會知道應該採用什麼結構才對。如果採用瀑布式工作法，你會受到完全的傲慢蒙蔽雙眼，沒辦法意識到自己其實什麼都不知道。而敏捷法的其中一部分，就是要承認自己不知道答案，也無法預測未來。當你展開行動、獲得回饋、為了更接近解答而不斷疊代時，解決方法就會自然浮現出來。

　　不過，世界上並沒有所謂「正確」的結構。國防承包商、大型銀行或市值達十億美元的線上遊戲公司，組織結構都不一樣。每家公司或每種產業做的事情很不一樣，一定會有不同的目標和策略，所以最適合每家公司的結構，當然也會非常、非常的不同。

　　以我的老朋友雅各‧西斯克（Jacob Sisk）的例子來說，他在一家跨國金融組織的創新實驗室擔任執行長，創新實驗室裡匯集這家全球數一數二大銀行中的頂尖人物。好幾年前，有一次我跟他約在阿姆斯特丹碰面；那時候他住在蘇黎世，而我剛好到荷蘭出差。

　　那天下午天空多雲，我跟他散步穿過綠草如茵的凡德爾公園，走向荷蘭國家博物館；這是全世界最大的博物館之一，館藏包含林布蘭、維梅爾等荷蘭大師的畫作，令人十分讚嘆激賞。各位要是從沒看過林布蘭的曠世鉅作，描繪荷蘭槍兵隊巡邏的《夜巡》（*The Night Watch*），那真是值得一遊，保證大開眼界。當你走上樓到展覽空間，一眼就會發現那幅高達3.6公尺、寬4.3公尺的「大」作。畫中的元素與光影明暗讓整幅畫栩栩如生，槍兵隊簡直像是要踩著畫中小鼓手的節奏走出畫框。

　　我們在看畫的時候，雅各跟我說了一個這家博物館的

故事，非常有趣。荷蘭國家博物館百多年來，都是依照館內的行政單位劃分館藏品的陳列方式：畫作、雕塑、陶瓷作品等各類型藝術品部門不只是行政單位，實際上的展覽品也是這樣分類、布置，每一項作品都顯得非常孤立。你要是對繪畫有興趣，那麼你會看到從1200年代開始的畫作，大概以十年為間隔，一路展示到現代的作品；當然，17世紀荷蘭黃金時代的館藏品會相對多一點。當你走到隔壁大廳，那裡的展覽品，比方說是雕塑類藝術品，大概也是從中世紀的作品開始展示，順著時代依序陳列。而且，其他類型的藝術品，如陶瓷藝品，也是同一套陳列方式。所以，整間博物館的展覽廳布置，完全就是行政組織結構圖的翻版。

在2003年，博物館休館進行長達十年的整修和重建。當時的館藏部總監塔可‧迪比斯（Taco Dibbits）在規劃2013年將盛大重新開放參觀時，決定做點非常不一樣的調整。他決定以時代順序作為整間博物館的陳列主軸，如此一來，參觀者就可以了解某個時期的藝術概況，不僅僅只是參觀某一種類的藝術品。事實上，不管任何時代都有不同領域或派別的藝術家同時存在，他們會互相交流、影響，彼此欣賞，一起討論美學本質和藝術的目的。要是按照過去以作品媒介劃分展廳的方式來陳列，就看不出藝術家在作品上的彼

此呼應與對話。

　　為了進行調整，博物館必須先由專家組成跨職能團隊。這其實是個非常大的改變，因為在此之前不同藝術種類的策展人彼此之間很少互動。現在他們要一起努力，從上百萬件館藏品中挑選出可以一起陳列展示的藝術品。而且，他們總共只能選出8000件作品，所以每個世紀都有一支團隊負責篩選。

　　整建工程圓滿成功，重新開放的荷蘭國家博物館受到熱烈的歡迎。當時英國《衛報》（*The Guardian*）報導：「大家期待已久的成果如此壯觀！（荷蘭國家）博物館在未來幾年都會是其他博物館的表率。」不過，這樣浩大的工程可真是累壞了博物館的工作人員。迪比斯說該是時候問自己：「現在已經做到這樣，接下來要怎麼辦？怎麼做才能維持展覽與民眾和時代的關聯性？」他們組成跨職能的敏捷新團隊，從策展人到保安警衛都是團隊成員，大家用心思考如何讓民眾體驗博物館和個別展覽活動。其實，這就是「結構」決定團隊能力的絕佳範例。迪比斯還沒完全採用Scrum，組織仍保留部分舊結構，但是當他們面對重要的問題，以及在快速變化的世界中保持聯繫的整體目標時，為了不讓舊結構綁手綁腳、阻礙他們大展身手，那些不適用的結構自然必須

瓦解。

　　我後來跟德瑞‧李格畢說這個故事的時候，他馬上問我：「他們怎麼知道按年代陳列會比按藝術形式來分類更好？」這個問題問得非常有趣，直指重點：如何創造出客戶認為最有價值也最有幫助的體驗？德瑞說他跟大型百貨公司合作時，也一再碰到同樣的問題。大部分百貨公司都是按照品牌區分專櫃，這邊的 Under Armour 櫃位布置得像是健身房，那邊的美體小舖搭成溫暖的木板屋棚，看起來完全不一樣。但是「總有人覺得百貨公司不應該這樣布置」，他說，而是應該按照商品類別區分櫃位：「免得大家一直在裡頭走來走去。」

　　他指出真正的問題在於，要怎麼接近客戶、找出最適合他們的東西。荷蘭國家博物館的團隊包括職責不同的各類工作人員，尤其是那些最常跟遊客互動的人，例如保安警衛、解說員、售票員和紀念品店的銷售員等，都跟策展人平起平坐。他們跨越組織部門壁壘共同合作，為參訪的遊客創造出完整的看展體驗。他們也不斷疊代，並思考「要怎麼提升服務？」「訪客的習慣將如何改變？」「如何滿足大眾各種不同的需求？」

　　十多年前就開始採用 Scrum 的軟體大廠 Adobe 也發現，

他們需要多一點客戶回饋，才能知道大眾的需求。採用
Scrum之前，他們唯一能得到的客戶回饋無非就是抓蟲報
告，根本不能依此做出滿足客戶需求的產品，所以他們決定
要改變。當時，Flash Pro團隊每次衝刺檢視都會邀請超級用
戶一起參與；其他團隊則是架設專用的伺服器，開放訪問權
限給最熱情的大客戶。所以，他們愈來愈貼近客戶的想法和
需求，我還聽說，他們現在再也不會做出沒人要用的功能。
但是在過去，沒人要用新功能可是一點都不奇怪，還是常有
的事呢！

從管理到領導

在過渡到Scrum組織時，管理階層最常犯的錯誤是以為
自己的工作不會改變。大家都希望獲得Scrum帶來的所有好
處，像是更快速提升品質、用更少時間交付更多價值等，卻
沒想到自己的行為也必須改變。

里卡多餐廳擺脫所有管理職位的同時，不是只有員工
的行為需要改變，里卡多自己也必須改變。他不能再事事干
預，要做到這一點可不容易。

「我就是坐不住，很喜歡解決問題。」有一次他坐在
餐廳裡的紅色椅子上說：「只要有人提出問題，我就想解
決。」現在卻不得不克制這種行為。他說他現在不做決策，
而是幫助大家做出更好的決策，並且鼓勵員工自己做決定。
他的員工原本很習慣餐飲業這種階級分明的制度，如今面對
新制度總是很難適應，還是會一直等著產品負責人或Scrum
大師告訴他們要怎麼做。

「我們其實，」又有一次他站在餐廳的Scrum板子前這
麼說，洗碗機的聲音偶爾會蓋過他的聲音：「只是跟團隊成
員說，每一個人都必須自己做決定。」

光是把決策權下放給團隊成員就產生很好的效果：現
在，餐廳員工回應顧客問題的速度比過去提高七成，做決策
和解決問題的速度也加快三倍。然而，要做到這一點，管理
階層必須先退後一步，把自己的角色從「管理」轉變為「領
導」。

採用敏捷管理的企業，比一般的公司更需要強化領導
的角色。在傳統組織結構的公司裡，上層的命令要傳達到基
層都要花很長一段時間，而且每過一個階層，命令就會被重
新讀解一次，結果到最後做出來的東西根本沒人需要。先前
提到的Adobe公司就是這樣，命令一層層傳遞下來，最後變

成四不像。其實，從某方面來說，垂直傳遞訊息的延宕陋習說不定還是組織的一種防禦機制呢！在錯誤命令產生錯誤的結果之前拖延一下，好有個緩衝。當然，不好的結果也不會因此而消失，只是在它變成現實之前搞不好有機會修正；雖然機會不大，但總是有可能發生。

雅各接任實驗室執行長不久後，就跟我說他發現一個恐怖的事實：他的決策要是出現錯誤，馬上就會帶來痛苦的結果，兩者之間的緩衝距離是零。隨便做決定，就會讓組織跛足難行。但我跟他說這樣的結果太好了，因為在每段衝刺中，一旦做出錯誤決策，將馬上獲得回饋。而使用Scrum的好處，就是可以隨時改變主意！

領導者最重要的任務是領導

領導者要拿出讓人相信的願景，指點令人信服的方向，找到通往新國度的道路，而這一切美好的夢想都要傳達給組織或團隊成員。領導者要能提振士氣，不管是要改變世界、採用新方法做出更好的產品攻占市場，或者只是讓理念更快速散播出去，都必須先讓組織或團隊成員對自己正在做

的事感到興奮。

　　但是對於客戶想要的美麗願景，各位也不要愛得過分、陷得太深。願景其實就跟其他決策或工作一樣，我們犯錯的時候比不犯錯的時候多。當一項創新失敗時，我們常常認為是一開始的設定錯誤，而團隊又無法即時修正所造成。因為其實我們都知道，起初的設定可能有三分之二的機會就已經出錯了。所以，你那一套讓人振奮的願景，非常有可能出錯了。

　　領導者要創造一個鼓勵創意、冒險和迅速行動的環境。最重要的是，還要有一套縝密的回饋循環，讓你知道願景、產品、服務或理念是否真的可行。我認識一家電腦遊戲公司，長期以來持續嚴格執行回饋循環。這家公司市值高達數十億美元，擁有2000名員工。我敢跟各位打賭，不管你是不是電玩迷，都一定玩過他們家的遊戲。如果公司裡有人想到新的遊戲點子，他們會放進某支團隊的待辦清單，排定為優先任務。一個月內，這家公司就會做出一套基本款的遊戲直接投入市場，再根據市場反應評估未來有多少成長潛力，要不要投入更多時間擴充功能，或是直接砍掉這項案子。直接砍掉案子代表他們發現願景是錯的，決定不應該再繼續投入，而這項決定其實也是相當有價值。

　　領導者要設置一些激勵措施，不過這種激勵方式常常跟組織結構圖的運作剛好相反。傳統組織的獎勵鼓勵部門主義和個人利益，但領導者要做的剛好相反，必須獎勵想要的行為，但不要容忍不想要的行為。所以你必須先找到一套自己贊同、鼓勵、想要實現的價值觀。

人類心理的負面特質

　　我們都是騙子，我們都會說謊。當然，不是所有人都一直在說謊。有些非常有趣的研究顯示，大部分成年人並沒有那麼愛說謊話。各位可能常聽到這個說法：人類每天平均會說一、兩次謊話。不過請記住，這指的是平均值。此外，謊言的分布狀況也很有趣：所有謊話中大概有一半都出自5％的人。而有60％的人在24小時內完全沒說過謊話。

　　當然，那也是平均值。其實在某些情況下，我們幾乎都會說謊，例如面試工作的時候，有研究指出高達90％的人會說謊。他們不見得是編造謊言，而是這裡一點、那裡一點的隱瞞真相，不過也可能真的是蓄意說謊。最愛說謊的青少年當中，有82％坦承曾在下列六個方面上說謊騙爸媽：

金錢、酒精與毒品、朋友、約會、聚會，還有性。劈腿不倫？好吧，這也算說謊。此外，根據匿名的調查報告顯示，92%的人承認曾經對現在或以前的性伴侶說謊；但我認為剩下那8%的人就是在說謊。

說謊這種事是這樣運作的：光是說謊的行為就會改變我們。每說一次謊言，我們體內的神經化學反應就會跟著發生變化。杜克大學和倫敦大學學院的科學家致力於探索人類說謊時大腦發生的變化。他們讓受測者在玩遊戲時對夥伴說謊，再用功能性磁振造影掃描觀測大腦的活動。當我們第一次說謊時，老朋友杏仁核就會開始活躍，釋放出我們熟悉的讓人感到恐懼的化學物質，這就是說謊時會感覺到的罪惡感。

研究人員更進一步，提供少許金錢鼓勵受測者說謊，但夥伴不知道自己被騙了。一旦受測者發現說謊不但沒被揭穿還能獲得獎勵時，杏仁核釋放的罪惡感就開始消退。更有趣的是，當說謊會傷害別人卻對自己有利時，罪惡感消失得最明顯。所以有些人會愈來愈愛說謊、愈說愈離奇，完全就是滑坡謬誤（slippery slope）。

這些科學家後來在論文〈大腦如何適應不誠實的行為〉（The Brain Adapts to Dishonesty）中總結研究成果，得出下

列結論：

> 結果顯示，經常從事小規模的不誠實行為也會造
> 成危險，這種危害在商業、政治到司法等領域都
> 很常看到。設計詐騙防治措施的政策制定者應該
> 注意到：儘管一開始只是小瞞小騙，不誠實的行
> 為很可能愈演愈烈，最後變成嚴重的詐騙行為。[2]

　　這就是誘惑害我們愈陷愈深的典型故事，只是這次是
由大腦的化學反應造成的一連串結果。經由一次又一次的說
謊行為，原先防止我們說謊的機制慢慢被關閉。原本誠實的
人也會因為大腦的「警示」慢慢變成不誠實的無賴。

　　這樣的發現讓人有點不太舒服，對吧？我猜，你現在
大概正在想最近說過的謊話，一邊懷疑自己會不會也超過界
線，做出從來都沒想過的事，甚至因此讓某人受到傷害。這
真是人性最讓人失望的一個部分。

　　但是，人性也有一個很重要的特徵在於，它其實很容
易改變。我們不能獎勵說謊，而是要鼓勵符合道德標準的行
為，所以 Scrum 當中特別列出五大價值。各位如果身為領導
者，就是要獎勵這樣的行為，而不是鼓勵欺瞞。

Scrum 五大價值

我們發展Scrum的這些年來，漸漸了解到公開透明且高效率的組織一定要抱持某些價值。在此列出的五大價值就像是Scrum整體結構的五大要素，相互關聯、彼此支持。從某方面來說，這些價值正是Scrum的活血，如果沒有這些血液周行全身，其他事件和活動都是空談。

當你進入一家公司上班，光是踏進公司大門就能分辨出這個地方好不好。如果那家公司能夠讓人感受到充沛的能量，大家就會想要進去工作。唯有具備這些價值觀，才能創造出很棒的公司，才會讓人投身其中、成就偉大的事情。

承諾與投入

Scrum團隊中每個人都必須承諾，要對改變全心投入，完成每段衝刺設定的工作，全力創造有價值的東西。我們不能只說會試試看、想要完成工作、想試試Scrum，而是真的要全心全意投入。

光是做出改變已經很困難，要是不全心投入，根本做

不到。真正改變生活的第一步，就是承諾與投入。勇往直前、義無反顧追求卓越不斷提升，為顧客和員工找到更優秀的人才、組成更棒的團隊，成為更優質、成功的企業。

把有價值的工作做好，就是人類心中最強烈的動力。我們都會因為自己創造出有價值的東西而感到滿足。在 Scrum 當中，下定決心不斷挑戰一定要做到這一點最重要。如果沒有這份全心全意的投入，其他都是免談。

有人可能會說，承諾和投入的標準太高，他們只是想試試看而已。然而，光是試試看而不承諾、不投入，當然無法成為一流的團隊，不可能贏得世界盃或超級盃。如果團隊成員不願意下定決心完全投入目標，我們就做不成偉大的事業。

當團隊成員不承諾也不投入，自然不用談其他價值，此時就連是否採用 Scrum 也無關緊要。因為改變就是從我們彼此承諾、一起下定決心才開始。工作應該快速、輕鬆而且有趣。各位要是領略不到樂趣，那就是做錯了。但是，這一切都是源於用不同的方式工作、用不同的心態來思考。

在里卡多餐廳裡，我們可以清楚看到員工彼此承諾、一起投入完成工作。即使後來餐廳規模向外擴展，開了多家連鎖店，里卡多餐廳的重大改變之一就是做到讓每一位員工

都有團隊合作、一起為客戶服務的體認與決心。「所以餐廳
忙起來的時候，團隊裡所有成員都願意互相支援。」里卡多
說。他還說行銷人員老喬雖然是辦公室員工，但要是餐廳裡
的服務生太忙，打電話來要求支援，他也會放下手邊的工
作，先去樓上幫忙洗碗、擦桌子。當然，要求支援的狀況不
會天天發生，但是服務生、所有廚師甚至雜務人員都知道團
隊裡所有成員都會幫助他們。這就是大家的承諾和投入！

　　我希望各位的團隊也是如此。但這需要專注聚焦才能
達成。

專注聚焦

　　團隊一旦下定決心投入每段衝刺的工作，就要專注聚
焦，確實把工作完成。日常生活中，我們總會碰到許多人、
事、物不只讓人分心，還會破壞專注聚焦。也許是老闆突然
叫你去做點事；業務部的朋友要你幫點小忙。這些事都很容
易辦到。他們總是說：「喔，這不會花很多時間。」「雖然
這不在衝刺清單裡，我只要你幫忙做這麼一件事而已。」

　　但是，各位好朋友啊，最後一事無成、什麼也沒完成
的結果，就是從這裡開始脫軌。Scrum的目標是要用一半的

時間完成兩倍的工作，各位要是不能非常、非常專注聚焦，
就無法實現目標。進行Scrum時要下定決心全力投入，才能
在一、兩週裡或是極短的時間內做出價值、拿出成品。要實
現這個目標一定要專注聚焦。

團隊一定要把重心擺在正在進行的工作和想要實現的
結果上，因此要專注聚焦於不斷的提升改善，把其他工作視
為雜訊。我們都曾經體驗過專心致志融合其中的時刻，感受
到專注與能量的流動；工作得心應手，毫不費力；還能與團
隊完美同步。我們都感受過那一刻，也希望這樣的狀態可以
維持下去，這就需要專注聚焦。

這讓我想起一位很優秀、作品豐碩的小說家。每個工
作日起床後，他會先進辦公室，關上門，早上八點整就開始
寫，專心書寫四小時後才會停下來。「有些時候繆思女神就
來啦！」他說：「不過有時候沒有。但我要是不坐在那裡專
注工作，她就永遠沒機會來造訪。」

公開透明

透明正是Scrum的基礎支柱。會議完全公開、待辦清單
大家都看得到，我們才會知道要朝向哪裡邁進，什麼時候應

該抵達目標。每個人都了解現在正在進行的工作，而且每個人發表的意見大家都會聽見，這樣你才會知道工作應該何時完成。

按照過去的傳統做法，大家好像都不知道應該在什麼時候拿出成果。當然，大家總會定下日期、答應要在安排好的日期完成，但這個日期幾乎都會出錯、常常延宕。微軟公司在1990年代時訂下的工作期限幾乎都是說說而已，我猜他們說的做完其實只是「快要做完」。我拜訪過許多公司使用綠色、黃色和紅色標記專案進度，有些案子好幾個月裡都是標示綠色，表示進度正常，但到了快要結案的幾週前突然就變成紅色。然後每個人好像都很驚訝，但其實有什麼好驚訝的？因為每次都會有人搞這種飛機嘛！我每次開課都會說到這個故事，大家也都會因為過於熟悉這樣的場景而苦笑。我繼續追問大家為何會有這種狀況，但他們通常沒有什麼好答案。我總是告訴聽眾這種事實在瘋狂不合理，而且他們也都知道，然而他們還是繼續隱瞞事實，因為早就被制約了。

「公開透明」就是克服這種不確定性的關鍵：讓工作進度一目了然、清晰可見，知道現在進行到什麼程度。如此一來，團隊才可以根據現實做規劃，而不是依靠臆測或猜想訂定計畫。

　　以世界當今的狀況來說，有許多肉眼看不見的工作：工作概念、程式、設計和思考棘手問題等，都屬於無形的工作。你必須把這些看不見的東西拉到燈光下，搞清楚哪些工作正在進行？由誰負責？

　　在里卡多餐廳，是否公開透明馬上就會影響到盈虧。各位要是沒在餐廳工作過或管理過餐館，大概不會知道最煩的事情就是排班。常常要花好幾個小時，才能搞清楚誰可以排什麼班。負責人要打電話問大家的排班時段，有時候全部排好卻差個吧台，簡直讓人苦惱，臨時去哪裡找調酒師啊，真是讓人抓狂！我以前做過這個工作，所以非常清楚。

　　里卡多餐廳每週7天，一年營業350天，天天供應午餐和晚餐。各位可以想像，這樣的餐廳要搞定排班可真是非常不容易。所以，里卡多就在牆上掛一塊大板子，列出每個班次需要的人手，然後叫團隊成員自己選時段，用便利貼編號代表要值班的時段。他們第一次花了大概一個多小時排出一整個月的班表。

　　「等我們排完後發現，還剩下很多便利貼。」里卡多站在貼滿排班表的板子前這麼說：「我才知道以前經理一直把餐廳不需要的多餘時段分配給大家，而且沒有人曉得。」把多餘時段分配出去，只是要討好大家，不是按照餐廳真正的

需求排班。實際上，這很容易就讓利潤減少 10 ～ 20%，而餐廳的利潤空間本來就不大。

當里卡多把這個問題丟回給團隊時，他並沒有生氣，但也沒告訴團隊該怎麼做。他公開透明的宣布問題，再請團隊解決這個問題。

「結果，不到兩週，他們就想到辦法解決這個問題，而且什麼都打理得井然有序。現在我們的工作人員數量剛好，都不必我出手干預。」他還說團隊很快就意識到，公司是大家共同擁有的資產，成本壓低就可以分享更多利潤。

「他們直接了當，」里卡多停了一下，轉頭看向別的地方，彷彿在想什麼，後來才又說：「現在他們可以自己調節、監督班表，整套制度運作得很好。而且還不只這樣，現在他們終於變成一支更快樂的團隊。」

豐田式生產管理的創建者大野耐一曾說過一句膾炙人口的話：「沒發現問題其實是最糟糕的問題。」問題不可能不存在，我們四周到處都是問題。各位要是不先知道自己的問題所在，就不可能解決。

但是，很多組織並不鼓勵員工發現問題。不管問題出在哪裡，提出問題的人往往可能因此遭受懲罰。所以大家學會三緘其口，不承認問題存在，假裝自己不知道。最糟糕的

是，當問題日積月累、根深蒂固，大家就真的再也難以察覺到問題在哪裡。所以在 Scrum 中，一定要對問題保持公開透明，發現問題的時候甚至要大肆慶祝。因為發現問題很難，又是一件好事，可以帶來最多回報。Scrum 公司的產品負責人海瑟・提姆（Heather Timm）對團隊說：「有時候，你要潛入沉船才會找到寶藏。其實問題一直都在，只是我們沒看到。所以雖然可能很難發現，但是那些金銀財寶都藏在沉船底下！」

　　進行 Scrum 時很容易會忽略要公開透明。每日立會的時候，團隊成員會說他們昨天做什麼、今天要做什麼，然後表示沒有問題，整場立會也許 30 秒就結束。但是，如果團隊的規模適當，有四、五位成員，千萬不要讓這種狀況發生。正確執行 Scrum 的公司裡，都會聽到很多問題，大家有時候還會吵架，這是我們和現實問題互相搏鬥的時候，正常的能量釋放。

　　如果要讓員工或團隊成員具備心理安全感（psychological safety，這是最近流行的詞彙），不會難以開口提出問題，身為領導者，你必須創造出一種鼓勵大家發掘問題的文化。不然大家只會繼續對你說謊。

尊敬重視

　　為了創造出確實完成工作的透明環境，大家一定要互相尊重，以尊重的態度對待彼此。為了讓大家擁抱公開透明的做法，事情進展不順時願意承認，領導者要先讓大家知道不會有人因為坦承事實而受到懲罰。簡單來說，就是靠著尊重的態度減輕大家的恐懼。

　　你必須尊重人們原本的樣子，接受他的優點和缺點。批評他人總是很容易，尤其是在對方坦承錯誤或欠缺知識的時候，我們更容易因此看輕對方。人們總是習慣認定自己高人一等，所以如果缺乏尊重，也最容易破壞彼此的關係。

　　不知道尊重的公司（天啊，還有不知道彼此要互相尊重的人際關係）簡直太多了！這其實源自於批評指責的文化，指著別人說：「你這個做得不對、那個做得不好。」於是，大家自然會拚命掩飾、拚命說謊，只為了逃避懲罰。

　　為了維持公開透明，不管對方帶來什麼問題，你都必須尊重他，尤其當他坦承問題的時候。這時候你要想的是怎麼解決問題，而不是解決眼前這個人。

　　里卡多說最近餐廳裡就剛好碰上這個問題。他們雇來一個新手，但他做得不是很好。所以其他人就給他最爛的班

表、最差的時段。他說這叫做「建設性解僱」：讓對方覺得很不好過，自然就會主動辭職。

里卡多問大家有沒有給那個人適當的回饋意見？是不是約談過他，試著去解決他的問題，而不是把他當做一點也不重要的免洗筷？里卡多坦承以前要是碰上這種問題，大概只會舉雙手投降，表示自己沒辦法應付。但是「Scrum 讓我能夠判斷出怎麼解決問題。現在我只要說：『待辦清單的第一項就是解決這個問題，大家快想辦法！』」

里卡多還告訴團隊成員不要害怕犯錯。「如果你做出決定並且開始執行，請告訴我們你做了什麼，我們會一起討論進展。況且，」他指出：「到目前為止，這種做法還沒出過什麼大錯。如果要說有什麼改變的話，就是顧客更快樂了！他們注意到，我們整個團隊就算再忙、再緊張，卻也變得更加快樂。」

讓大家知道自己不會受到指責，就是給他們一份自由。你必須尊重他們，尊重他們的想法和決定。

勇敢面對

維持開放的態度、面對自己的問題、保持公開透明，

這些都需要一些承擔風險的力量，因為變化總會帶來風險。我們看到愈來愈多公司從傳統結構轉變成敏捷結構，卻也看到那些經理都有點害怕，當中許多人不敢承擔這種改變，因為他們的工作會改變，整個未來也都會不一樣。

如果沒有勇氣堅持下去，其他價值也都不會發光發亮。你要是不敢面對任何不利因素，又怎麼會承諾投入、專心聚焦、公開透明以及尊敬重視他人呢。厲行改變相當困難，因為改變會帶來破壞，會讓長期抱持信念的人感到震驚，有時候甚至是驚嚇。但領導者要帶著勇氣決心求變，才能徹底翻轉企業，帶領大家面對變化多端、有時甚至是令人恐懼的現代世界。

Scrum的一大優點就是提供一張安全網，不過有些人不能理解。老實說，我們每次最大的投資、動用最堅定的決心，也不過就是設定一段衝刺。並不是現在決定之後，以後就要繼續這樣做；也不是如果要撥出十億美元，就只能用這個方式運作；當然，現在的人際關係也不會永遠都不改變。我們要做的只是在這段衝刺時下定決心把它完成，然後看它有沒有效；如果沒有，就可以再嘗試別的方法。一旦知道這一點，大家的心理負擔自然可以卸下很多。採用Scrum，才能迅速察覺沒用的方法，不必所有人一直耗著死纏爛打，白白浪

費十億美元。而是可以盡快發現假設有誤，即刻調整方向。

發揮價值

在Scrum運作不順的地方，我們完全看不到這五大價值。各位如果真的想要用一半的時間做完兩倍的工作，想要實現Scrum所有潛在利益，就必須堅持這些價值。

確保自己不會忘記這些價值的方法，就是實際運用在衝刺回顧上。在白板最上面寫下五大價值，下方的空間畫出一條橫線分成上下兩半。接著，請團隊把衝刺時發生跟各項價值有關係的事情，用便利貼來標示：屬於正面的表現就貼在上方，負面的表現貼下方。我們常常建議新團隊這樣做，因為我們發現這個做法可以迅速引導出一種模式：團隊很快就能確認自己需要特別加強的價值。

把官僚行政減到最少

當管理者轉變為領導者以後，他們要創造出可以表現

出 Scrum 價值的環境。這時候如果還用一大堆繁瑣行政作業拖慢進度，大家就會覺得沮喪。那麼應該採用什麼結構，要從哪裡開始呢？

各位如果是在傳統組織裡工作，我猜情況大概就是這樣：有一大堆單位部門、可能還要分成好幾個地區，還有各種職能小組，或許也要分成好幾個不同的業務單位。當有人需要某樣東西時，就要去找各單位的專案管理辦公室；這是負責向上級匯報專案進度的單位。接著從這個單位行文給資訊部或研發部的專案管理單位。既然有這麼多專案管理單位，裡頭當然也有許多專家團隊，不過大家都只負責產品中的一小部分。但是，資訊要向上傳遞時，要先通過一層又一層的組織層級，每一層裡還有指揮鏈，搞得非常複雜。

這就是巨大的浪費！不過我現在要專注在組織結構本身。那些報告、跨部門傳遞、指揮鏈等，都是在浪費資源，只會拖慢腳步。在大多數狀況下，我們的確需要層級，總不能大家搞得亂糟糟，但層級只要夠用就好，這就是最低限度的官僚行政。

要做到這一點，領導團隊需先建立負責改變組織的高層行動團隊（Executive Action Team）。我通常會對客戶說，這支團隊可以徹底翻轉公司結構，而且不必再獲得任何人的

許可。我們要的是可以完成任務的團隊。這支團隊需要法律、人力資源、業務、技術等各方面的人才，而且這些人會把自己做的決定貫徹到底。要從哪裡開始翻轉公司，必須由這支團隊來做決定。

翻轉行動通常會從由團隊控制整套價值流程的專案或產品開始，從構思到執行，整個流程都由團隊控制。這項專案或產品涉及的團隊數量可多可少，但是這些團隊都能獨當一面，提交工作成果給客戶。

以我的合作夥伴費比安・史華茲（Fabian Schwartz）為例。他的工作範圍遍及整個拉丁美洲，他有一個客戶是哥倫比亞德魯蒙公司（Drummond Company）的天然氣部門。這家公司想加快鑽探氣井的速度，但問題不在於鑽探，而是溝通和協調不足。正確的資訊或文件沒有適時傳遞出去，決策也沒有把握正確的時機，因此浪費掉許多時間。

所以他們聘請費比安過去，看看他能做點什麼。費比安決定不要動鑽探實務的作業，因為那套技術已經相當成熟，公司也沒規劃要發展新方法，畢竟新方法真的很昂貴。所以，他開始思考專案中最容易展開改變的部分是什麼？答案就是剛開始的時候，反正一切都還不確定，改變的成本自然很低廉。

　　所以，他從高階領導層開始下手，集合法律、環保、業務和現場人員組成Scrum團隊，由當地的副總經理擔任產品負責人。鑽探天然氣井的工作包括探勘、購置、法律業務、發展規劃和申請許可，要真的在地上挖個洞之前有一大堆工作要完成。

　　高層行動團隊每天開會15分鐘，所有Scrum該有的活動，如規劃、檢視和回顧也都照做。為了跟現場的工作團隊溝通，團隊也利用遠端視訊通話。然後他們發現一些很有趣的事：以前要花幾週才能解決的問題，現在只要幾個小時就搞定。團隊的重點都擺在鑽探井順利運作，而不是讓每個人單打獨鬥面對各自那一小塊難題。現在，團隊的士氣提升、透明度也提高了。但是其實費比安就只是讓大家開始對話，一起努力解決難題而已。

　　過去，他們的鑽探作業平均要花19天，就算最快也要10天才能完成。採用Scrum之後，現在平均只要6天，速度是過去的3倍。而且技術跟以前一樣、人員也相同，只有工作方式改變。

　　「我們公司採用Scrum非常成功，」哥倫比亞德魯蒙公司碳氫廠副總經理阿貝多・賈西亞（Alberto Garcia）說：「往後會在其他石油及天然氣營運團隊實施，如鑽探井、增

產與完井（stimulation and completion）和生產設施建設。」

　　領導者必須不斷注意自己的組織，逐步進行改革以實現目標。這種革新永遠不會結束，你要做的是消除我們說的組織「負債」，也就是那些拖慢腳步的規則、本位主義和不良結構。所謂的「領導」就應該每天專注於此。

　　我們還要建立一套機制，當團隊確認出現障礙時，問題要能提到高層行動團隊面前馬上處理。組織中的Scrum大師應該每天幫助團隊屏除那些他們無法解決的障礙，而且動作一定要快。就像團隊每天都要開會15分鐘一樣，高層行動團隊也可以派代表參加每日擴大立會（Scaled Daily Scrum），而且同樣只需要15分鐘就好。如果這套機制安排妥當，一個小時就能跟好幾千人進行協同合作。

　　舉一個簡單的例子來說，第一章曾談到紳寶公司從頭開始建造獅鷲E型戰鬥機的故事，他們就是每天進行擴大立會。每天早上7點半是各團隊自己的每日立會，到了7點45分，這些團隊的Scrum大師會一起參加擴大立會，討論個別團隊無法解決的障礙和跨團隊的問題。8點整和8點15分又各有一場層級更高的立會，最後是8點30分，整個專案的領導，也就是高層行動團隊，要處理前面那些擴大立會無法解決的問題。這個層級的問題都是只有高層行動團隊才能處理

的問題，他們的責任就是要在24小時以內搞定，所以他們等於是在一小時之內和大概2000人協調合作。紳寶的領導階層說這正是成本控制的關鍵，他們認為自己的工作就是讓飛機盡快完成，任何拖慢團隊腳步的障礙和問題都是成本。

不過各位也許不必需要分成五級，有些組織可能需要兩級，其他則是一級就夠了。只有真正需要的時候才做協調，層次與結構只要夠用就好，切忌雜亂繁瑣。領導階層最需要的是基層可以快速向上回饋，如此一來組織才能夠快速轉變與調整，而速度正是增強力量的加速器。

創新方式

速度很重要，不管在哪裡都是。想像一下，有一家好醫院，不，是最棒的醫院，醫療護理的業績一流，員工當中甚至有諾貝爾獎得主。

這家醫院有幾十間手術房可以處理傷口、挽救生命。而每間手術房可以做多少手術，決定醫院可以救助多少人。

我知道說這個有點剎風景，不過對醫院來說，最關鍵的就是手術房的清潔和消毒作業時間。真的要做到清潔無

菌，燈光、地板、牆壁和整間手術房都不能出差錯，因為患者的生命與手術房的清潔消毒息息相關。

　　清潔和消毒的準備作業時間大概需要一小時，幾十年來都是如此。上一位患者推出手術房後到下一位患者推進來，每次大概需要一小時的間隔。

　　所以，這家醫院打電話過來，問我們能不能跟亞麗珊（Alexa）合作，她是醫院的整備流程改善專家。

　　Scrum 公司派遣凱文・伯爾（Kevin Ball）過去支援，他是海軍退伍人員，愛聽爵士樂，最厲害的就是分解流程、創造更好的成果。而他認為要解決那一小時作業時間的問題可不容易。

　　那真的不容易。想一想，這可不只是手術房的清潔、消毒而已，還要跟下一台手術的醫療團隊，外科醫生、麻醉師和護理師協調合作，把正確的手術設備和器具安置在正確的地方。

　　第一天，凱文花了一整天的時間觀察整個流程。「我們一開始先請清潔人員小組合作。」凱文回憶道。然後第二天，他開口問團隊成員：「你認為怎麼做可以改善流程？」

　　清潔人員起先不願意回答，但後來冒出好多想法。他們原本每個人都只獨立負責執行一項任務，所以大家很快就

發現，要是能夠彼此合作，針對同一項任務相互支援，可以更快完成工作。當團隊成員彼此合作無間，手術房的消毒整備時間就能大幅減少。他們花了兩天嘗試和調整，一次又一次的成功達成任務。

接下來，凱文擴大工作範圍，把手術台交接過程牽涉到的所有工作人員都包括進來。後來，外科團隊彼此順利交接，護理師按下按鈕就能讓下一位患者推進手術房，整套流程的效率大幅提升。

成果非常明顯，從「推出」到「推入」的時間縮短一半，過去是平均一小時，現在減少到半小時，甚至更短。而且流程迅速確實，又不會犧牲醫療品質。

我當然可以告訴你，這家醫院因此節省多少成本或是多賺了多少錢，但我認為這些數字並不重要。凱文讓醫院可以拯救更多生命、治療更多人。不必改變技術、也不必增加人手，只要注意那些小細節就夠了：流程。

而且別絕對不相信狀況能變得更好！

對了，這一切改變其實只花了兩週。

能力愈大，責任愈大

　　領導者不但要支援團隊、消除障礙，也要讓團隊開心快樂、願意挑起責任。過去標準的年度績效考核中有50個項目，評分標準是1～5分，最後只有10%員工被評為最優等，因為大家的表現其實都會落入鐘形分配。你也知道，這種狀況其實只會讓大家心灰意冷。那麼我們在Scrum中會怎麼做呢？Scrum公司的金姆・安泰羅負責對一家大型石油服務公司進行績效評估，後來我們延用了那套方法並且使用至今。你只需要問幾個問題，就很容易找到數據。

SCRUM 大師

● 真的實施了Scrum嗎？三種角色、五項活動、三大要件、五大價值都有嗎？

● 是否備有團隊工作協議，詳細寫明團隊規範與行為準則？

● 有沒有測量工作速度？是否比上一季至少提升10%？

● 團隊幸福感（Team Happiness）是否也是重要指

標？

● 除了讓團隊採用 Scrum，整家公司是否也採用 Scrum 改善效率？

● 是否持續不斷的學習？

產品負責人

● 團隊加快速度後，是否提供更多價值？也就是說，同樣的工作量是否因為做出對的東西、準時提交給客戶，獲利也隨著提升呢？

● 產品或服務是否符合成功的關鍵標準？

● 有沒有迅速砍掉不符合成功標準的產品？（最後這一點非常重要。有很多專案最後搞得像殭屍一樣，白白浪費人力、金錢好幾年，只因為沒人敢承認那是個糟糕的點子。）

團隊成員

● 有做出對的東西嗎？品質是否提升？

● 是否能突破專業本位的限制，擴充更多技能？

● 是否樂於向其他團隊成員傳授專業知識？

領導階層

- 是否拿得出清晰而明確的願景？
- 在人員與事業方面都有所擴增嗎？
- 帶領的部屬和員工，對於上班感到快樂和振奮嗎？
- 團隊是否以最好的方式建立架構、創造價值？
- 團隊是否擁有各種必要的技能和工具？
- 是否嚴格要求產品負責人和 Scrum 大師負起責任？

Scrum 可以給予我們極大的行動自由。要怎麼工作、要做多少，都可以由我們決定。而工作原本應該就是由團隊自行管理、組織，能做到這樣就很棒，但是更關鍵的是要拿出工作成果。請思考你的工作成果是否發揮威力造成影響？

如果你希望找到好辦法來帶領團隊，重要的不是你管理多少人，而是你的團隊做出來的成果是否有用、有影響力。你希望大家可以在你的組織裡成長、做出有影響力的成果，進而影響整個市場，並且因為有所貢獻而受到尊重。我們想找到清晰的成功之路，焦點就要放在成果，把出色的想法做成出色的產品，成功滿足客戶需求，而不是跟著中階主管慢慢爬。

說到這裡，我們就來談一下中階主管。

抗拒改革的中階主管

　　Scrum是一套很容易說服團隊執行的工作法，也會讓大家的生活變得更好。團隊會獲得更多樂趣，很多無意義的浪費和障礙除去以後，就能做出很棒的東西。如果能做出偉大的東西，自然就會讓他們的職業生涯發光發熱。

　　高階主管通常也很容易被說服。他們會說：「喔？用一半的時間就能做完兩倍的工作？我要參加！員工會更快樂、產品上市更快，又能讓自己免除那些亂七八糟的干擾？我要報名！」

　　但是說到中階主管……那就難搞了。在所有想要轉型的公司中，中階主管都是公司最艱難的挑戰。造成這種情況的原因有很多，你必須找出原因、迅速處理，否則中階主管的阻力會讓所有變革努力化為烏有。

　　這些人會覺得受到威脅：「Scrum很可能會暴露出長久存在的問題，但那些問題可能是我造成的，我可不太贊同讓組織公開透明的做法！」

　　他們也有會認為：「按照目前的做法，我的工作獎金和晉升狀況都很好啊！要是我以後反而做得不好怎麼辦？我的

工作會不會受到威脅？」他們的擔心都沒錯，他們原先扮演的角色確實都要面對風險。因為以後中階主管的人力就是會減少，但我不是說要把他們全部解僱，而是要好好安排，讓他們卸下管理職之後也能提供價值。

所以，中階主管會以各種方法積極抵抗、陽奉陰違。表面假裝支持變革，暗地裡放暗箭搞破壞。有時候組織的高層也會發生這種狀況，他們不相信改變，就無法擔任領導職，而且自然會拖延等待想著：「哎呀，再過一陣子就沒人注意我。這一切都會過去，我只要趴低一點，假裝一下就好。我會活下去的！」

這種事情一秒都不能容忍！各位需要的是抱持熱情、擁護確實改變工作方式的團隊成員。有些客戶問我，該拿那些頑強抵抗、不願改變的人怎麼辦，我會回答他們該怎麼辦就怎麼辦。公司有公司的規定，可不能讓你選著遵守。況且，有必要為了少數人不適應改變，而讓整家公司陷入危險嗎？這都是你要做的選擇。

改變文化，改變限制

　　不管怎樣，我覺得最神奇的是，一旦結構改變，就會出現一種新的文化。不論是組織、家庭還是幾個人在一起，都是一套複雜的適應系統。光是解開每個單獨的部分，不能讓我們對整體有所了解。文化是由各個部位相互驅動、協同作用而產生，更讓人吃驚的是，整體的狀態最後很可能比我們原先想像的還要更棒。

　　當你擺脫受到某種人為原因施加僵化結構的操作模式，你的工作能力就會提升。你不但可以完成工作，甚至還能做到過去無法想像的事情。

　　各位要記住，結構才是重點。別以為只要改變職稱、職位，Scrum 就能發揮作用。如果你以為自己可以提早知道答案，更是大錯特錯，因為沒有人能夠預知答案。要是你能加緊努力，更快速為客戶提供更多價值，正確的組織結構自然就會出現，這才是重點。就跟 Adobe、荷蘭國家博物館、蘋果、Google 和 Amazon 等企業和組織一樣，你要緊盯客戶的需求，才會知道怎麼調整組織才能提供最佳體驗、服務或產品。

　　里卡多現在開始的兩項新專案,都是用Scrum來經營餐廳,完全不依靠其他方法。「每項作業都是依照Scrum量身打造:設計過程、人員招聘等所有工作。」他還興奮的談起前場和廚房的穩定團隊、每週衝刺,由大廚擔任產品負責人,Scrum大師要第一個上班,檢查可能出現的障礙:電話或電腦是不是都正常?貨物送來了嗎?有哪些因素可能拖慢團隊腳步?

　　里卡多說當初要是沒發現Scrum,可能早就離開這一行。現在他知道自己還可以把規模做得更大,兩家、三家,甚至更多家餐廳。整個世界再次對他開放。

　　當組織開始敏捷起來,決策的效果會由回饋循環快速反映出來,整個工作場所都會活躍起來。其實,我們原本都有足夠的能力,只是自己把自己綁住了。我知道為什麼,因為我也是這樣。我們太習慣目前的思考方式、行為模式和溝通的方法,就像是面對呼吸進入體內的空氣也照樣視而不見。但是,透過具體、漸進的步驟每週改變一點點,最後我們就能把自己和整個組織變得非常不一樣。

重點摘要

結構就是文化。文化會決定你的極限。僵化的結構產生出來的文化和產品結構也會趨於僵化，導致改革變得更加困難。不只是團隊如此，組織更是如此，而且影響力也更加重要。

把管理轉變成領導。領導者要拿出讓人相信的願景，指點方向，找到通往新國度的道路，並且傳達給大家。他們要能提振士氣，不管是改變世界、採用新方法做出更好的東西搶占市場，或者只是快速傳播理念，都要讓大家對自己的任務、工作感到振奮並且勇往直前。

重視公開和透明的價值。以世界當今的狀況來說，許多工作我們用肉眼看不見。工作概念、程式、設計和思考棘手問題都是無形的工作。但你必須把這些看不見的東西拉到燈光下，並且檢視哪些工作正在進行？由誰負責？公開透明就是克服這種不確定性的關鍵，能讓工作進度一目了然、清晰可見。只有知道現在進行到什麼程度，才可以根據現實做規劃，而不是依靠臆測或猜想訂定計畫。

保持勇敢無畏！你要是不敢面對不利因素，又怎麼會承諾投入、專心聚焦、公開透明和尊敬重視他人呢。改變很困難，但是帶著勇氣決心求變，領導者才能徹底翻轉企業，帶領大家面對變化多端、有時甚至是令人恐懼的現代世界。

整備清單

- 你會如何描述組織的結構？它對你製造產品或提供服務帶來正面或負面的影響？你要如何改善提升組織結構？

- 你是管理者還是領導者？請認真考慮這一點。團隊由你命令指揮，或者你會授權、分權？你會強迫大家配合，或是跟他們分享願景？團隊是由你做決定，還是你負責改善支援？

- 列出工作場所裡三項組織上的缺失。請找出方法改善它們。

- 在日常工作中秉持Scrum價值，鼓勵其他人也這麼做。這些價值會發揮什麼作用？

第 **7** 章

做正確的事

　　解決問題時最困難的部分，有時候是在描述問題的用字遣詞上角力，連提供解決辦法都還談不上。克里斯多福・亞歷山大（Christopher Alexander）是一位影響深遠的建築大師，他在討論建築與場所的功能時，碰上同樣的問題。有時候，他覺得有些地方感覺不錯，也許是一間房間、街角，或是工作場所，但是他無法說明清楚那種感覺，所以，他希望找出一種語言，可以用來描述設計上創造出來的「無名質感」，就像是符合特定類型的柏拉圖理型（Platonic Ideal）的場所。

　　他在設計方面提出的理論，改變我們在社區、建築物和各類系統的建造方式。1970年代初期，亞歷山大對一些常見問題提出通用解答，在許多不同狀況下都能適用。他想要讓大家可以用清晰又方便的詞彙來討論這些建築上的問題。1977年，他出版《建築模式語言：城鎮、大樓、建築》（*A Pattern Language: Towns, Buildings, Construction*），彙整列出幾百項描述模式，足以構成一套語言。

　　其中每一項模式，都描述出在我們環境中反覆出現的某種問題，書中還提出解決問題的核心關鍵，這套解決辦法可以讓我們重覆使用百萬次而不必再苦惱第二遍。

　　舉一個亞歷山大書中的例子：

第150項模式：等待的場所

等待的過程會造成內在衝突。

　　他接著談到等待時的種種不便與不快。不管是等公車、火車或醫院門診，總之就是要浪費很多時間等待，實在很討厭。就因為不知道什麼時候會輪到我們，所以半步都不能離開。大家都是這樣被困在某個地方，而且等待的場所往往沉悶乏味。所以亞歷山大提出，要是我們可以改變這種狀況，讓等待變成正面的體驗，變成有收穫的自由時光，那該有多好？要是「環境許可時，（我們）可以靜心沉思，沉澱自我」，豈不是很棒！

　　所以，這項模式的解決方法是：

　　在必須等待的地方（不論等公車、約會對象或飛機），創造出一種讓等待變得正面的情境。把等待和其他活動連結起來，例如可以看報紙、喝咖啡、打撞球、拋馬蹄鐵玩遊戲，吸引一些不是在等待的人也一起來參加活動。或是營造剛好相反的情境，把等待的場所變成靜思遐想的地方，可以體驗靜謐但正面的沉寂。

「等待的場所」的模式也可以跟其他模式互相連結，例如「臨街窗台」、「臨街咖啡座」和「辦公室之間的聯繫」（Office Connections）。每項模式都可以跟別的模式相連結，一起創造出一套解決辦法。對此，我爸爸傑夫‧薩瑟蘭這麼說：

> 《建築模式語言》透過文本脈絡中相互關聯的表達形式，呈現出深沉的智慧。它不只列出一系列流程，更在眾多流程之中找尋有效的方法，發掘一再重現的活動或特質。這個相互關聯的整體如果連貫起來，就能創造出「無名質感」。結合眾多模式所產生的整體，大於單一模式的總和。[1]

愈早完成工作進步愈快

幾年前，OpenView 創投公司有幾個人帶著難題來找Scrum 公司。他們以前以為 Scrum 只是提升工作速度，例如：團隊可以做多快？每段衝刺都可以完成更多工作嗎？因此，他們把團隊的待辦清單塞得很滿，團隊一定要拚死拚活

做到最後一天，才能在衝刺期順利完成工作。然後他們發現，那些被清單塞滿的團隊雖然可以保持相同速度，卻無法達到Scrum設計的目標，也就是說，他們的生產力沒有提高四倍。但是其他比較快完成衝刺目標的團隊，卻能愈做愈快。最後他們才知道，原來Scrum提升的不是速度，而是加速度（Acceleration）。

Scrum的運作模式如下：

愈早完成工作的團隊速度會愈來愈快。

在衝刺環節安排太多工作的團隊，常常無法完成清單。

未能達成衝刺目標的團隊，也難以進步或提升。[2]

我們跟一群專家合作著手Scrum模式語言專案，為生產力超高的團隊提出模式語言，並且已經在多家公司、多種領域中多次使用。這些實務的做法正是Scrum得以運作良好的核心關鍵。

數據未必含有資訊；沒數據就不算是資訊

　　這句話常被資訊專家一再引用，如同資訊界的真言。但這句話原本出自電腦專家、小說家兼大數據專家丹尼爾・基斯・莫蘭（Daniel Keys Moran），而且正好可以描述3M健康資訊系統公司為醫院、保險公司和健康規劃機構解決的問題。舉例來說，根據《平價醫療法案》（Affordable Care Act）的規定，醫院的再入院率過高或院內感染狀況太嚴重，院方就會受到聯邦政府的處罰。此外還有種種規定確保醫護評估重點不再以「數量」為重，如就醫人數與健康檢查人數（依服務收費的模式），而是改採以「價值」為基礎，如根據患者痊癒狀況給付補助費用（以成果而非產出作為衡量標準）。在新規定之下，2017年總共有751家醫院因為沒有達到標準，醫療補助費用遭到刪減。

　　《平價醫療法案》中，有一項新標準是「可預防的再入院人數」。這指的是透過更好的護理調養計畫、出院規劃、後續追蹤，或是確保病房團隊與門診團隊溝通得更順暢，以避免患者出院幾天或幾週後又再度入院。

　　其實，絕大多數再入院的案例，都集中在少數患者，

所以要是有辦法先找出哪些患者比較可能再次入院，就可以解決大部分的問題。但是關鍵在於，我們怎麼知道哪些患者可能再次入院？這時候3M健康資訊系統就能派上用場：藉由規模非常龐大的大數據資訊，檢查醫師診療記錄、實驗室報告與人口統計資料等各式各樣的資訊，幫助醫院主動為患者提供必要的支持，而非事後才被動回應狀況。如此一來，大家會更健康，不會有那麼多人一再進出急診室，而且成本也會降得更低，結果每個人都變得很好，這不是很棒嗎？

2014年9月，我跟爸爸合著的《Scrum：用一半的時間做兩倍的事》出版後，受到廣大讀者的支持，在那年秋天占據許多人的案頭，其中兩位就是3M健康資訊系統的大衛・法蘭齊（David Frazee）和泰咪・史蓓若（Tammy Sparrow）。法蘭齊是公司的技術長，史蓓若則是他的第一副手。他們把這本書贈送給執行團隊裡每一個人，然後打電話找我們過去。

2015年5月，他們找我們去評估Scrum的運作狀態，情況不是很好，而且危機迫在眉睫。他們有一項核心產品必須徹底修改，還要在那一年10月完成，但他們不太有信心可以準時完成目標。

被鴨子襲擊和後續照護

W61.62XD是與鴨子有關的事故和後續醫療照護的分類代碼；至於是怎樣的事故，我們就不詳細討論。這個代碼非常重要，它是國際疾病分類第10版（ICD-10）的一部分，國際疾病分類的全名是「國際疾病與健康相關問題統計分類」（International Statistical Classification of Diseases and Related Health Problems），我們就簡稱「疾病分類」吧。這些分類代碼總共有141,000多種。世界衛生組織（WHO）不厭其煩，把人體可能遭遇的各種狀況都加以分類編碼，例如V97.33XD表示被捲入噴射引擎和後續照護；Y93.D是涉及藝術品和手工藝品的活動；或者更悲慘的V91.07XD是因為滑水活動而著火與其後續照護。

2015年，美國的疾病分類系統終於從第九版升級為第十版；第九版只編製了14,000多個代碼，僅有第十版的十分之一。分類代碼對於醫療保健系統非常重要，因為透過這些整理過的資料，可以深入了解實際發生的情況，這也是保險公司決定理賠範圍與金額的重要依據。比方說，保險公司的理賠範圍也許不會包括Y92.146，這是指意外發生在監獄

游泳池的狀況。對，你想的沒錯，這是專門表示在監獄游泳池受傷的指定代碼。事實上不只是監獄游泳池，連監獄的餐廳、浴室和廚房都有不同的代碼。

當時，3M健康資訊系統大概有5000個客戶需要確認代碼，醫院與診所才能從保險公司或政府獲得理賠或給付。因此疾病分類第十版的轉換預定要在2015年10月1日之前完成，但我們當時發現，進度看來並不理想。

那年夏天，我們開始和3M公司的領導團隊一起工作。泰咪還換了一個新頭銜「敏捷之旅總領隊」（Director, Agile Journey），要負責提升品質而且把產品做出來。我們對3M團隊說的第一件事，就是他們沒有搞定優先順序。雖然大家都知道疾病分類第十版的系統才是頭等大事，卻還是塞太多工作給團隊。後來我們跟泰咪和大衛組成五支團隊，拚死拚活追趕截止日期。即使時間急迫，截止日期也一定得趕上，不然他們的旗艦產品就會完蛋。

代碼W55.29XA是與母牛的其他接觸和後續照護。至於被母牛咬傷、踢傷也都另外編了代碼，這個我們也不詳細討論，跟鴨子的狀況一樣。

幸虧到了10月1日，大家沒漏氣。而且接下來的一年裡，因為運用「愈早完成工作，速度會愈來愈快」的模式，

團隊的速度提升了160％。現在他們的Scrum有許多團隊，
總人數高達數百人。泰咪說，這個模式讓團隊緊盯工作進
度，排除各種障礙後，大家就會專心一致：「專心一致就會
更快完成工作。我們設定的目標，不是要故意把團隊忙死，
而是讓他們能夠完成工作。」

　　所以我們現在就來看看，哪些模式能讓你的團隊愈來
愈快。

穩定團隊

　　　利害關係人最喜歡符合他們預期的團隊，因
　　此團隊要採取必要的措施來減少造成預測偏差的
　　變數。

　　　所以，要維持團隊穩定，應避免讓各個團隊
　　的成員隨意流動。穩定的團隊比較了解自己的能
　　力，所以也比較容易預測他們的工作成果。盡可
　　能維持團隊成員，不要任意變動。[3]

　　這種團隊通常像這樣（各位也許會覺得聽來很熟悉）：
你一直跟某支優秀團隊一起做某項專案；你如魚得水，大家

相處愉快，並且樂在其中；這支團隊彷彿是為了提升工作速度而精心安排。我們一生至少會碰過一次這種團隊，留下絕佳的體驗，令人難忘。

對我來說，那就是麻州公共電台（WBUR）的波士頓團隊。那時候大家一起製作直播訪談節目《連結》（The Connection），擠在同一間辦公室（這恐怕違反消防法規）裡長時間講電話、推敲節目稿、拚命構思創意十足的新點子。那時候，我們每天都要播兩場訪談，而且話題不能重覆、更不准出現冷場，真的是超級好玩，而且觀眾都很關注。走進城裡任何一間酒吧，都會聽到有人在討論當天的節目內容。製作團隊都氣勢高昂，當然也會起爭執，但開心歡笑的時候居多。我會把祕密訊息偷偷寫進節目稿裡，只有女朋友才看得懂（她現在已經是我太太囉）。前一位來賓才剛結束15分鐘的訪談，我們馬上開始行動，短短幾分鐘就又敲定新點子。我們非常了解彼此，知道對方的才能和想法，拋接話題和新點子從不失手，我永遠不會忘記那段美好經驗。

不過，然後呢？一般公司的專案結束後，那一支最佳團隊會怎樣呢？大概就是功成身退，立即解散，然後公司為了進行下一項專案又組成一支新團隊。但各位都明白，一支

功能強大的團隊其實需要很長時間的磨合與調整。

　　美國俄亥俄州立大學教育心理學教授布魯斯·塔克曼（Bruce Tuckman）最具影響力的研究，是1965年的論文〈小團體的發展階段〉（Developmental Sequence in Small Groups）。他檢討團體形成的幾十項研究，發現團隊的形成要經歷四個階段。在第一階段「形成」（forming）時，團隊成員會彼此試探人際動態的界限，以及了解團隊中其他成員如何展開工作。

　　對於第二階段「風暴」（storming），塔克曼說：

> 第二個階段的特點是圍繞人際問題的衝突和兩極化，以及工作任務伴隨而來的情緒反應。這些行為是對小組影響力與工作任務規範的反抗，所以被歸納為「風暴」。[4]

　　我喜歡這個說法：「工作任務伴隨而來的情緒反應」。我們都會對別人生氣，覺得必須在自己和他人之間建立邊界和界限。總是會有一些情緒偷偷醞釀起來，有一天失控就會爆發。你一定也有過這種時候，別太介意，大家都會有。

　　第三個階段「規範」（norming）是解決各種爭論的時

候。此時團隊會建立界線，開始凝聚在一起，成員也漸漸認同自己的團隊。當團隊找出最有效的合作方式，可能就會產生新角色或發揮新作用，形成團隊一致同意的工作模式。

塔克曼說的第四階段「表現」（performing），是團隊的結構成為完成工作的工具。這個觀點好極了！團隊成員的社會互動（sociodynamics）成為完成工作的最佳能量。團隊做出什麼成就才是重點，至於誰做了什麼反而不重要。

這個階段當然不會很快就出現。建立互信、彼此了解，形成正面而積極的文化，摸索出大家都可以接受的行為和合作方式，都需要很長的時間加以磨合調整。其中有許多原因牽涉其中，而且也有不少人做過研究。

首先是「共享心智模型」（shared mental model）的概念。我就不拿枯燥的科學名詞來煩大家，這套概念基本上是說，成員對團隊的理解達到某個程度以後，就可以預測其他成員需要什麼或準備做什麼。他們對於團隊中的各種動態自然都會有所了解。

解釋團隊長期合作得以成功的另一套理論「交互記憶」（transactive memory），原本是用來研究伴侶的愛情關係（原先論文裡用的是「雙人〔 dyadic 〕關係」這個說法，所以我下一個樂團的團名就要叫做dyadic）：指的是共同的經驗

會創造出需要兩人一起參與的記憶。像是我們有個夥伴問說：「我們上次弄那隻鴨子是在哪兒？」就是個好例子。（W61.62XD：遭鴨子襲擊和後續照護。別忘了，我們不想討論這件事。）另一個夥伴回答：「喔，你是說吉姆和莎莉也在，你有點喝太多那一次嗎？」「對！就是那一次！」「啊，那是在布魯克林。」

　　團隊是一個群體，不同成員會記住許多不同的記憶片段，團隊成員因此相互依賴。雖然我們可能根本沒有意識到，但團隊成員一起擁有的經驗會建立共同記憶，從而創造出一種只存在於人際互動之中的新關係，這也就是野中郁次郎教授說的「場」。有趣的是，科學研究指出，要是群體太過龐大，反而無法產生這種新關係，這是因為共同記憶的網路規模有一定的限制，大概就是正好七個人。對，這就跟Scrum團隊的規模一樣，很有趣吧！

　　對此，有一則論文綜合分析的結論說：

　　　除了彼此親近、共同經驗和面對面互動之外，本研究迄今為止找不出其他值得推薦的技巧，可以用來強化團隊中的交互記憶。

「彼此親近、共同經驗與面對面互動」正是建立Scrum
架構的絕佳環境。而且這樣的環境必須刻意打造，並非偶然
碰運氣。訣竅就是要創造出穩定、協同合作、跨職能的團
隊，這些條件一點也不複雜。

我還可以繼續談論強化團隊凝聚力、提升團隊自尊
心、培養領導才能和精進培訓工作等條件，而且其實有許多
研究都可以幫助我們建立一支強大的團隊，但首先就是要創
造「穩定的團隊」（Stable Teams）。

維繫團隊穩定的另一項關鍵是大家對團隊專一奉獻。
團隊成員不能同時隸屬兩個、三個甚至五個團隊。這種半調
子的做法，會讓團隊的生產力減半。

頗具規模的線上Scrum工具公司團結軟體發展公司
（Rally Software Development Company），彙整了高達75,000
多支團隊的資料進行研究。他們仔細調查數據（反正他們有
很多數據）後發現，成員專一奉獻的團隊生產力，往往是跨
組成員團隊的兩倍。

其實大家都知道要專一奉獻，但還是常常犯下這種錯
誤：「哎呀，露辛達超厲害，什麼都會、什麼都懂，所以她
隸屬於五支不同的團隊。」結果，可憐的露辛達就遭殃了，
每天忙得團團轉，而且不只要做不同的工作，還要跟不同一

批人相處。坦白說，這樣做不但沒效率，而且很殘酷。露辛達因此無法獲得團隊合作的好處，也無法跟成員共享「場」和記憶。

　　3M健康資訊系統採用Scrum之前雖然已經擁有穩定的團隊，但當時的團隊成員並不只待在同一個團隊裡。「大家多半同時參與六個團隊或專案。」時任3M企業研究系統部總監的大衛對我說：「我們馬上努力改進，至少讓八成的人專心參與一項專案就好。這種透明的安排，立即發揮預期的效果。疾病分類第十版這個專案真的可以說是危機變成轉機，我們在幾個星期內就讓它起死回生。」幾個月後他們依照這套標準成立了20幾支團隊。成功就是最好的宣傳！

　　不過泰咪也說，穩定的團隊也不宜太過僵化，穩定程度大概維持在八成左右就好。要是成員一直沒變化持續太久，反而會停滯不前。通常可能有成員換工作、升遷或其他因素，促使團隊自然產生變化，但這方面需要特別注意。

　　最棒的是，要建立一支穩定的團隊其實很容易，大概一天就辦得到，而且效果立竿見影。

昨日天氣

　　自尊高的個人和團隊會為自己設定相當高的
目標，這就是人類的天性。而團隊設定超過能力
範圍的目標，到頭來不得不偷工減料以免無法達
成目標，或是讓自己和利害關係人感到失望，這
也都是人性的自然流露。

　　所以，團隊在上一段衝刺中完成多少估算點
（Estimation Points），大概就是下一段衝刺可以完
成多少估算點最可靠的參考指標。[5]

　　其實，預測未來績效的最佳指標，就是過去的績效。
而「估算點」是衡量某項工作需要付出多少努力的估算方
法。大工程要設定很多估算點，小任務只需要幾個估算點。
基本上，團隊要是上次衝刺完成十項待辦任務，那麼下一段
衝刺也安排十項就好，這樣實在很簡單，但是很多團隊都討
厭這種做法。大家都想精益求精、都想證明自己可以更上一
層樓。

　　當然，有時候的確可以做得到。但各位也要理解，也
有一些時候就是辦不到。而且愈早完成工作愈好，反而可以

完成更多工作、愈做愈快。無法達成原先設定得目標會打擊士氣，就算你原本就知道不容易，還是會感到挫敗。

管理階層常常故意把目標設得高一點，來驅使團隊或組織全力追趕。問題是，當你設定要達到目標 X，大家就會拚命做到，有時甚至不擇手段。結果有些人就會求快走捷徑，甚至明知故犯，反正只要達到目標 X 就好。各位還記得之前說過大家都在說謊嗎？

我們建議，不要只參考前一段衝刺的數字，而是擷取前三段衝刺的平均速度作為依據。因為衝刺過程其實存在許多變數與雜音，所以擷取平均值可以篩掉一些干擾。

而且各位請記住，要是所有事都全力投入，就不可能盡早達成目標。採用 Scrum 有個關鍵就是要勇敢說「不」。

而 3M 健康資訊系統的團隊並沒有包攬太多工作，主要的問題在於管理。「採用 Scrum 前，」大衛說：「大家都太過投入。常常是業務部希望在某一天交件，但技術團隊根本無法在時限內完成所有要求的工作。」現在既然有了團隊速度的資料，他們就可以據此回應：「我們的能力就是到這裡。」這也讓領導階層更容易掌握哪些工作何時可以完成。

「我的確看到一個問題，」泰咪指出：「團隊有時候會改變估算點，在衝刺期塞進更多工作，但這樣卻犧牲

了品質。」所以她希望團隊後退一步，謹守「昨日天氣」
（Yesterday's Weather）的原則，這樣才能維持工作品質，不
必事後又要忙著修補。

群集效應

> 同時照顧太多事情，個人效率將大受影響，
> 團隊速度和企業福祉也都難以維持。這不但會削
> 弱速度，有時甚至會讓工作完全停頓。
>
> 所以，團隊的最大力量要集中在產品待辦事
> 項清單上的單獨一項，全力盡快完成這項工作。[6]

之前我曾說過讓大家忙到死和真正完成工作的差別。
群集（swarming）就是解決這種問題的方法。

道理很簡單：我們最愛分心。就像狗愛追松鼠或是喜
鵲喜歡亮晶晶的東西一樣，我們看到一個就追一個，而且其
實也都有自知之明。我當然希望大家都能牢記在心，多工任
務不但不好，而且一次做兩、三件事其實只會降低生產力。
每次被電子郵件打斷工作，或是轉換工作任務的時候（咦？
是不是有人說網頁出錯了要我馬上更正？），我們的注意力

就會分散。要再回到原來的工作狀態，說不定得要耗上好幾個小時。這對個人來說是如此，對團隊甚至組織層級也是如此。以下先說團隊的狀況。

我們再來談一下豐田式生產管理的創建者大野耐一。他有一套分類法，可以把浪費時間、拖慢系統的事情篩檢出來；他將事情分為：Muda、Mura 和 Muri。這三個詞都源於日語，Muda 是指「沒有成果」，表示工作未完成；Mura 是指「不一致、不平衡」，這本來是紡織業的術語，指布料不平整的部分糾結在一起；Muri 則是「不合理」。這三種情況的浪費可以描述工作過程的障礙，諸如過度生產、等待、運輸和過度期望等。

大野認為最嚴重的浪費，就是所謂的在製品存貨（in-process inventory），或是稱為「進行中的工作」（Work In Progress 或 Work In Process，WIP）。這指的是明明已經投入時間、資金和努力，卻一無所得，就因為工作沒做完。

關鍵就是要達到大野所說的「單件連續流」（one-piece continuous flow），我把它稱為「快速搞定」。任何一支 Scrum 團隊的衝刺待辦事項清單上，可能都排了 10 ～ 20 件事情，這是他們要在衝刺階段全力投入的工作。但是我去拜訪的每家公司，清單上的工作幾乎都只開了頭，卻沒有任何

一項工作已經結尾。

　　群集效應模式（Swarming pattern）就是要解決這個問題。這個模式是集中處理待辦清單中最重要的事，其他都先別管，直到那件工作完成為止。整個團隊在考慮其他工作之前，都要全心全意投入先完成那件事。因為大家都專注在同一個目標上，所以很快就可以做出有價值的成果。

　　各位可以把這個模式想成一級方程式賽車的維修人員。各位要是沒看過他們怎麼工作，請去Google來觀賞一下。那些維修團隊真的很厲害，賽車開進維修區以後，當然就會完全停止，這就表示成績開始落後，維修團隊當然要趕快把事情搞定，讓車子盡快回到跑道。所以，車子一停下來，馬上就有20人左右蜂擁而上開始工作。每一個輪胎都有三個人同步處理：一個人操作氣槍卸下螺絲，一個人拿下輪胎，再由另一個人換上新輪胎。這時候不只分秒必爭，是連十分之一秒都要爭。他們該做的事也不只是換輪胎而已，還有很多人負責其他的調整、補充燃料等任務，就是要讓賽車在幾秒鐘之內繼續飆速上路。

　　這就是群集效應，整個團隊全心全意，讓車子盡快回到跑道奔馳，創造價值。這也正是我們希望Scrum團隊達到的境界。

　　泰咪承認，3M 健康資訊系統在讓各團隊跨越職能、發揮群集效應的方面，還是有些問題。不過雲端服務團隊卻可以做到這一點，因為他們一開始就採用模組化的設計；但是其他那些老系統，就很難拆開來個別處理。

　　「這肯定就是康威定律嘛。」她說，意思是產品會反映出組織結構的特性。不過他們現在已經改頭換面。3M 健康資訊系統中的職能區隔大幅減少，過去各自作戰的團隊，現在統一在研發部的結構下受到調度指揮。他們全力投資雲端建設，創造相關服務模組。當然，這些都需要時間，不可能在一夜之間完成。

　　「回想過去的轉型，」泰咪沉思道：「我想起你一直說這就像一段旅程。剛開始的一、兩年大家都很興奮，但後來就愈來與困難。」一開始覺得興奮，是因為可以處理掉一些簡單的問題。但之後就會碰上棘手的難題，像是組織結構、產品結構等。不過泰咪告訴我，他們還是會繼續向前邁進，也為了繼續轉型制定宏大的計畫。當然，事情不會一直都那麼容易。

干擾緩衝區

在衝刺過程中突然改變優先順序或是出現必
須處理的問題，常常會造成 Scrum 團隊的工作中
斷。當業務部、行銷部提出要求，再加上管理階
層插手干預，可能會讓團隊漸漸出現慢性的功能
障礙，造成衝刺階段一再失敗，趕不上產品發表
期限，公司甚至因此倒閉。

所以，先把可以容忍干擾的時間明確的撥
出來，而且分配好工作時程以後，絕不再額外塞
進分配範圍之外的工作。如果工作超出原定分配
量，這段衝刺就該中止。[7]

艾力克斯・謝夫是我們 Scrum 公司的教練，第一次接觸
Scrum 大概是在十年前。他說當時一看到處理干擾的模式以
後，就知道一定要學起來。他原先是在 2007 年 7 月受到金融
服務公司聘用，各位也知道，投身金融業又剛好碰上這個時
間點，大概不算是個好時機，因為華爾街很快就要陷進經濟
大蕭條以來最嚴重的金融崩潰。當時，他加入一支軟體團隊
為交易員寫程式，還跟團隊領導者在同一間辦公室。這位領

導者是個好人,他們相處愉快,而且大家都很拚命工作。問題是,他們的工作內容常常改變,非常頻繁改變。這家公司有七位合夥人,其中一位可能今天說這個最重要,到了下週或搞不好就是隔天,又有另一位合夥人說要做完全不同的東西,團隊的工作根本沒重點。但艾力克斯也沒有想太多,反正團隊就是按照上頭的要求來做,也沒聽到什麼不好的批評,都是正面回饋。

後來,到了年度檢討的時候。團隊領導者開完檢討會回來,砰的一聲甩上門,又砰的一聲把頭撞在桌子上。原本軟體團隊在年初被指定要完成一項重要專案,後來卻毫無進展,他身為軟體團隊領導者,自然被老闆痛罵一頓,說他們一整年什麼都沒幹。艾力克斯說,最奇怪的是他跟團隊領導者每天都在同一間辦公室,已經一起工作半年,他們整天都在談工作、抱怨工作,但艾力克斯從沒聽過這項專案,一次都沒有。他們只是一直努力工作,按照要求拚命做。但大家都沒發現,合夥人整天突發奇想不斷丟出要求,讓團隊根本無法專注進行專案,更別說要完成。但是那些傢伙會為自己的行為負責任嗎?當然不會!他們只會覺得是軟體團隊領導者把事情搞砸了。

我常常看到這種狀況發生。團隊一而再、再而三的被

管理階層、行銷部或後勤團隊干擾，叫他們暫停手上工作，先處理那些臨時突發的重要工作。等到衝刺檢視的時候發現什麼都沒做完，管理階層就會想：「哎呀，這個團隊根本拿不出成果！」

要解決這個問題或是很多 Scrum 的問題，就要讓大家知道決策要花多少成本。有些突發狀況確實需要馬上處理，但不會每一件事都是緊急事件，所以規劃工作時，要為團隊保留一些餘裕，這個就叫做「干擾緩衝區」（Interrupt Buffer）。比方說，團隊在衝刺中通常可以完成 20 項任務，那麼下段衝刺只能排 15 項，保留一些實力作為緊急應變的空間，我們可以想成是大眾交通工具上的「緊急時請擊破車窗」安全裝置。

當各部門的要求陸續擁進時，產品負責人要站在最前線負責篩選。只有他們才能決定是否需要中斷團隊手上的工作，因為這絕對會影響工作進度。所以他們可以回答：「這很重要，但現在衝刺待辦事項的工作比這個還重要，所以我們會安排在下一段或再下一段衝刺來做。」如果有些事情其實一點也不重要，負責安排待辦清單的產品負責人就可以簡單回應：「好吧，我會把它放在清單裡最後一項。」不過，的確會有一些事情值得中斷團隊工作，那麼產品負責人就可

以啟動干擾緩衝。

這套做法的關鍵在於，萬一連緩衝時段也吃不下這些工作，整個衝刺就要喊停。馬上停止工作，重新規劃這段衝刺剩餘時間實際可完成的工作與優先事項。要是緩衝區也無法搞定突發緊急事項，那麼團隊衝刺規劃排定的工作，有些就無法完成。對團隊來說，沒有達成目標最讓他們感到沮喪。他們都知道狀況，因為一切都很明顯；但最糟糕的是放任這種狀況發生，什麼也不處理。

中止衝刺還有第二層效果：領導階層討厭中止衝刺。週一的業務會議上，莎莉可能就會對小雷開火：「小雷，你怎麼搞得這次的衝刺都停了呢？現在我答應給客戶的東西做不出來，都是你的錯！」錯的是干擾團隊工作的人，不是團隊本身。這種事情就是要嚴肅面對、把它當作大事，公司才會自我調適，避免同樣狀況再次發生。

另一個間接好處是，以後要是有團隊成員的經理私底下叫他做事，那個人就可以明確回答：「不好意思，這個不是我能決定的事。我是很想幫你的忙，可是現在有新規定，你要跟產品負責人說才行。如果我能決定，當然會說好，但設下這些規則的人不是我。」

所以，團隊要是學會運用 Scrum 後，第一段衝刺就受到

七位合夥人其中之一干擾而被迫中止，大家就會看到打斷團隊的影響力。一位合夥人的行為產生多少成本，其他六位合夥人都能看得清清楚楚。因此，這件事以後就不會再發生，團隊也能專注進行那項重要專案，在年底之前準時完成，接著又繼續進行下一項重要專案。

所以，關鍵是要讓大家看到決策成本，否則團隊時程就會常常受到外部因素干擾。請記住，真正的目標是提升速度。請好好注意速度，找出那些妨礙你和團隊變快的障礙。

干擾緩衝區就是讓3M健康資訊系統從傳統公司轉變為敏捷組織的關鍵。一開始，各種干擾幾乎耗掉團隊60％的努力；但是經過幾年來的調整，大家一起致力於降低干擾，現在大概只剩下20％的干擾。而且大家還是很認真思考，努力進行那些困難的改革，以督促整個組織更上一層樓。

優秀的內務管理

面對亂糟糟的地方，我們要先浪費許多時間和精力，確定從哪裡開始工作、要先做什麼。

所以，產品和工作環境一定要徹底保持整潔，至少每天工作完畢後要收拾乾淨。8

　　以前，在2006年到2007年期間，派駐伊拉克的多國聯軍每天遭到暴力攻擊不下100次，其中當然主要是針對美軍。那些叛亂分子最喜歡的目標就是美軍車隊，被炸毀的軍車、卡車和其他裝備不計其數。

　　後來全國公共廣播電台一位剪接師問我：「後來那些東西都送去哪裡了？」

　　「什麼意思？」

　　「我是說，那些被炸掉的悍馬軍車後來送去哪裡？他們花了好幾十億美元修車，是在哪裡修理？」

　　「不曉得，我來查一查。」

　　後來我查到，很多壞掉的軍用卡車是送到德州的紅河軍用倉庫，距離德薩卡納（Texarkana）約20英里。去過德州東部的人大概是不會太驚訝，因為那裡非常空曠，幾乎什麼也沒有。但是隨著戰事更加激烈，五角大樓決定把倉庫關閉，將整套修理作業委外處理以節省國防經費。為什麼？因為紅河倉庫每週只能修好三輛悍馬車。每天被炸上百輛，每週只修好三輛，當然完全趕不及。

　　當時在倉庫裡工作的幾千人當中，只有一位穿著制服的上校全權負責，其他都是平民老百姓。這裡原本都是好工作，關閉倉庫對這個地區的經濟造成嚴重打擊。所以，

那位上校決定去看看福特（Ford）和通用（GM）這些大汽車廠怎麼製造車子。各位要是沒看過精實生產線（Lean production line）的運作，請上YouTube找影片好好欣賞一下；它簡直太神奇了，工人和零組件的絕佳安排像是在跳芭蕾舞一樣美妙。而這套作業方式完全就是以我之前談過的豐田生產系統作為設計的依據。

豐田公司鼓勵工人，只要發現問題就拉「安燈索」（andon cord）停止生產線。一有狀況發生，管理階層就要過來處理，但不是指責工人把事情搞砸，而是想辦法找出問題的根源，趕快徹底解決讓它不會再次發生。如此一來，生產線就會愈來愈快，而且品質愈來愈好。規則就是發生問題馬上解決，絕對不要推給下一個站點。

再說回來紅河倉庫。各位可以想像，那裡都是炸爛的悍馬軍車，停車場、道路旁、田裡、樹下，到處都是；還有一些二戰時代留下的巨大廠房遍布各地。走進廠房會看到引擎、裝甲和輪胎在跳芭蕾舞，彷彿漂浮在半空中，而且移動的時間和位置都拿捏得剛剛好。生產線的每一個站點都設有一個倒數計時16分鐘的數字大鐘，因此這些悍馬車每16分鐘就會移動一次。速度，而且是兼顧品質的速度正是關鍵。

過去修理悍馬車的老方法實在太慢，所以他們決定改

用一種完全不同的方法：把那些被炸壞的車子完全分解，拆解到最後一根螺絲和螺帽。然後每隔16分鐘就重新組裝出一台車，但這次要讓車變得更好。他們採用最新技術，用更堅固的裝甲和更新的懸吊系統。重新上路的悍馬車都比剛送進來時更堅固。

我第一次去紅河倉庫採訪時，他們每天可以重新組裝出32輛悍馬車。幾個月後我又回去追蹤近況，發現他們的速度變快，一天可以組裝出40幾輛車。從每週只修好3輛，到每天40輛，效率提升達6,600％！每段工作流（flow）也大幅縮短，從原本的40天減少到10天搞定。

最讓我驚訝的是，修理悍馬車的人員其實幾乎沒變。他們的確有增加人手，但那些人也都是以前在這裡工作過的工會工人。他們改變的是整套作業流程，而不是那些工人。只因為改變工作方式，就能釋放出幾年前無法想像的能力，改變了他們可以達成的目標。

那些工人都感到非常自豪，還在每輛悍馬車貼上標語：「本車足以續命延生，絕對值得信賴！」甚至附上免付費電話號碼。這支電話可是真的有幾位義工24小時輪班守著，他們完全不是為了錢，而是因為在充滿敵意的異國他鄉，坐在毀損的悍馬車上打電話過來的人，很可能就是自己

的兄弟姐妹或親朋好友。其實，有些工人才剛從伊拉克或阿富汗退伍回鄉，而且他們現在幫軍方修復的車輛，就是他們以前製造的車子。

我那天晚上住在德薩卡納的汽車旅館，打了通電話給爸爸。各位請了解，我那時候還在當記者，不是Scrum專家。「爸！」我說：「我以前說Scrum和流程改進方法只是企業管理發明的新垃圾對吧？也許是我錯了！你現在做的事可能很了不起！我想大概是吧。」

所以，「優良內務管理」（Good Housekeeping）模式，就是每天保持產品與環境的整齊清潔。要是有人發現錯誤，就算那不是你的錯，也要趕快把它處理好，讓一切都比你剛接觸時還要好。以豐田的術語來說就是，發現問題就絕對不要推給下一個站點。要是拖到最後才做品管，品質會變得很可怕。我們要做的事剛好相反，每一次接觸到產品，都要讓它變得更好！

各位要是身處這樣的位置，就要了解你可以解決那些問題。就跟紅河倉庫的工人一樣，你可以讓那些問題永遠消失，不會再犯。只要改變工作方式，就能釋放出驚人的工作能力。

緊急程序

　　因為種種緊急要求或意外的變化，衝刺期間總會出現一些問題。如果是在進入衝刺中段之前碰上障礙，開發團隊顯然無法完成全部的衝刺待辦事項。此時，衝刺燃盡圖（Burndown Chart）上顯示還剩下許多工作的團隊，會發現以目前的速度無法達成衝刺目標。

　　因此，燃盡圖上如果顯示還剩下許多工作未完成，請採用飛行員常用的技巧：萬一出現大問題，就要執行針對重大問題設計的緊急措施。[9]

　　「燃盡圖」是衝刺期檢查團隊工作進度的方法，可以顯示出每天「燃燒掉」的工作量，比方說衝刺要完成十項工作，但現在已經過了衝刺期一半，從燃盡圖上看，團隊只完成兩項工作，顯然這次無法完成所有工作，衝刺期結束時，燃盡圖顯示的工作量不會降到零。這未必是因為受到干擾，很可能是工作比原先預期更加困難，或是碰上意想不到的問題。但是工作不能拖，現在出問題了，飛機正往下栽。

　　我爸爸在越南駕駛過戰鬥機。他說戰鬥機出問題的時

候，就要趕快執行緊急程序。不然在搞清楚到底發生什麼事之前，你可能就已經沒命啦。所以他們的左腿都帶著一張清單，一碰上狀況就要開始執行，這時候可沒時間發問。在 Scrum 裡，Scrum 大師碰上問題也要馬上執行類似的清單，這就是規定。清單上的程序如下：

緊急程序步驟（必要時才啟用）

1. 改變工作方式，做點不一樣的事。
2. 找人幫忙，通常都是把工作分擔出去。
3. 縮減範圍。
4. 中止衝刺，重新規劃。向管理階層報告產品發
   表日期會受到什麼影響。

趕快按照這個清單執行，要是什麼都不做，整個團隊就要灰飛煙滅，快把飛機拉起來，趕快！

3M 健康資訊系統的大衛說，泰咪常常要把飛機拉起來：「泰咪有時候會用熱線電話（bat phone）表達看法，12次裡頭可能有6次吧。」泰咪其實希望團隊可以更常這麼做，如此一來就不會為了速度而犧牲品質。使用熱線電話才會讓大家看到問題何在。要是團隊什麼都不說，我們根本不

知道趕不上交期或品質下降的原因是什麼。我們要鼓勵團隊說出來，而且要是他們可以提前示警，告知緊急狀況正在發生，一定要大加讚揚與肯定。

在 Scrum 裡做 Scrum

　　只有極少數的 Scrum 團隊能夠徹底改變，大幅提升績效層級和創造價值的能力。這是因為大多數團隊根本找不出問題所在，自然難以消除障礙。

　　所以，每次衝刺回顧時要找出一個最大的障礙，在下一段衝刺解決掉。[10]

　　Scrum 是創造超高產能團隊的方法。所以我們上一本書的副書名才會叫做「用一半的時間做兩倍的事」。這就是我們的目標，一點都不誇張！只要嚴守紀律，一定做得到。但是有很多 Scrum 團隊並未達到應有的水準，原因幾乎都一樣：因為他們找不出問題，也就無法消除障礙。

　　問題真的就是這麼簡單。他們都很忙，可是工作都沒完成。然後他們認為工作就是這樣，世界就是這樣運轉。對啦，的確有很多地方是這麼做，但世界上不是只有這種做事

的方式，這種模式只是完成工作的方法之一而已。

　　每次衝刺回顧時，團隊都要提出一項「改善」項目，如果你覺得講日語比較酷，也可以說是 kaizen（改善）。只要舉出一項能讓他們在衝刺時消除的障礙就好。很多團隊常常發現問題但卻什麼也沒做，大家好像都覺得自己有一大堆工作還沒做完，所以改善都是別人的事。

　　我爸爸前一陣子在巴黎開課傳授 Scrum，有位知名的精實管理專家雨果‧海茲（Hugo Heitz）也來參加。在課堂上，他一直對我爸爸說：「他們要把改善列入工作清單，他們的 Scrum 需要先 Scrum 一下，運用 Scrum 把 Scrum 變得更好。」

　　傑夫回到 Scrum 公司之後就說，那我們也來試一下。確定要改善的地方以後，團隊先進行評估，確認可以接受的標準，到時才會知道事情完成了沒有，然後把這項任務放在待辦清單的第一項。所以「改善」就是下一段衝刺的重點。我們就照這樣進行，在兩、三段衝刺後，速度又提升一倍！而且，改善能夠持續不斷，到現在都還在繼續發揮功效。

　　我常在一些公司裡碰到虛無主義者，他們只會嘆道：「這地方好爛！今天很爛！明天超爛！永遠都這麼爛！」我要是坐下來跟他們談，就知道會出現這種態度，通常是因為大家都知道問題出在哪裡，可是沒有人要出來解決。這讓人

太沮喪了,既然知道問題是什麼,說不定也有解決辦法,卻沒人對此做出任何處理。

我會去找管理階層,告訴他們這個狀況。然後他們會說:「我們都知道啊,可是因為這個理由或那個原因,我們也解決不了。」

但我通常要等很久,久到讓人不高興,才會得到回應。各位可以體會那種無聲的緊張感慢慢上升的感覺吧。不過我會直視他們說:「事情可以不必這樣做,各位都知道,這取決於選擇,其實事情可以有所好轉。

有時候光是這麼說,就會開始發揮作用,大家動手開始解決一些問題,消除妨礙團隊發展的障礙。不過當然不會每次都這麼順利,因為我不能強迫大家聽我的話。但是,一旦大家真正開始採取行動,原先滿口抱怨的虛無派就會變成全公司最大的 Scrum 粉絲群,因為那些問題終於解決了。

3M 公司到現在還是每週進行一次改善。「這大概就是帶給我們更多進步的原因,團隊一直不斷的進步改善。以每週一段衝刺計算,一年可以改善達 50 次!」泰咪這麼跟我說。雖然改善的範圍可能很大,需要一段時間才能解決,甚至超出團隊的影響範圍,但是卻因此改變大家的心態,從消極的接受問題到積極的找出問題,這讓一切都跟過去不一

樣。問題喜歡躲躲藏藏，就像蟑螂最愛躲在牆縫。只要把它
們拉到燈光下，你就會驚訝的發現，要根除問題絕對沒有想
像中那麼可怕。

幸福指標

在檢討反省等自我改進的活動中，改善的建
議能帶來許多想法。但我們通常不會事先知道哪
些改進活動能產生最大好處、哪些不會帶來益處。

所以，根據團隊共識，每一次都選擇一項
微小的改進，就可以推動整個改變的過程。向團
隊提出問題能幫助他們思考，擺在面前的各種選
擇，哪一項最能激發熱情，喚起敬業投入的精
神，善用大家的答案來選擇最能激發團隊能量的
改進方法。[11]

各位如果有興趣，可以參看《SCRUM：用一半的時間
做兩倍的事》第七章，我們用一整章的篇幅討論工作上的幸
福和快樂。所以，這次我不會再花太多時間說服各位，強調
提升團隊士氣有多重要。但請大家相信我，提升士氣的確很

重要，而且是非常重要。如果各位組織裡的成員對工作沒有熱忱、不會感到振奮，那你就是碰上大問題了。快樂的員工才能迅速做出更好的東西，就是這麼簡單。

不過，幸福快樂的奇特之處在於：幸福快樂是成功的必要條件，卻未必是成功的結果。而且，我們今天感受到的幸福，源自於我們對下週世界將如何改變的看法，不是上週的狀況。所以各位要是能把這項衡量標準量化變成數字，那項指標會是個領先指標，而非落後指標。

各位要做的就是這個。每次衝刺回顧時，公開詢問團隊成員對自己的角色、團隊和公司的滿意程度，請他們以一到五分來評分。還要請他們想一想，有什麼事情可以讓他們覺得更快樂？就這樣，非常簡單。我發現每個團隊到最後都會關心那個最不快樂的人，並且鼓勵對方：「下一段衝刺，我們一起解決這個問題！」

當 Scrum 公司引進這套做法時，第一件事就是改善辦公室空間。大家都討厭當時的辦公環境，所以我們就換了一個更好的空間。然後也改進產品負責人提出的待辦清單，並且針對這個問題連續做了幾次修正。我們就像這樣不斷解決這些問題，每段衝刺解決一個，不斷繼續執行下去。很快的，我們的速度加快一倍，然後又再加快一倍。等於做完兩倍的

事，卻只用掉一半的時間！

馬上行動

這八項模式就是做好Scrum的祕訣。

最前面兩項「**穩定團隊**」和「**昨日天氣**」是為了衝刺可以順利成功，要先調整好團隊。這兩項要是沒做到，那麼實施Scrum就會困難許多。

接下來四項「**群集效應**」、「**干擾緩衝區**」、「**緊急程序**」和「**優良內務管理**」，能幫助團隊解決衝刺期間最常遇見的問題。

最後兩項「**在Scrum裡頭做Scrum**」和「**幸福指標**」是持續不斷進行改善的關鍵，讓團隊進入高效率的生產狀態。而這正是Scrum設計的目標。

當所有模式都確實執行的時候，第九項模式即會自然浮現：「**愈早完成工作的團隊會變得愈來愈快**」。

雖然泰咪坦承3M健康資訊系統的操作不夠完美，還有一段路要走。不過他們已經走得夠遠，而且最重要的是，她強調，團隊現在的對話狀況已經跟過去大不相同。整個系統

的公開透明，能讓大家都看到問題在哪裡：過去組織體系結構的影響，以及在那套體系結構下產生的舊產品的維修問題，就是最大的障礙。現在這些問題似乎都可以解決，因為團隊能做的事已經跟過去大不相同。

「只要把待辦清單規劃好，」她說：「團隊就會一飛衝天！」

我不是說這件事很容易。因為它有可能很容易，也可能非常困難。但是，嚴守紀律就會變得容易，而這需要專注與投入。有時候我會聽到有人說，敏捷管理就是要讓大家生活得更好、更快樂。確實如此，它能做得到。也有人說，敏捷管理是要建立偉大的文化和企業。這一點也沒錯，絕對沒錯！

但這一切都是為了同一個目標：敏捷輕快的創造、提供高價值。而且要快速，因為速度很重要。迅速創造高品質、迅速做決策。現實就是這麼嚴酷，要是拖拉延宕不決，成功機率就會直線下降。

因此，我們都要根據不完善、不完整的資訊來做決定，我們都不得不走進那道不確定的迷霧之中。因為速度就像數量，本身就是一個關鍵品質。

當所有模式相互運作、彼此強化，就形成一套模式語言。起初只要挑出一項開始做，只要一項，其他的模式就會水到渠成。

重點摘要

三種浪費。Muda是「沒有成果」，工作未完成；Mura是指「不一致、不平衡」；Muri是「不合理」。這些是妨礙工作完成的障礙，如過度生產、等待、運輸和過度期望等問題。

改善。每次衝刺回顧，團隊都要提出一項改進建議，日語叫做kaizen（改善），排進下次衝刺把它解決。建議可以是消除障礙、嘗試其他工作方式，或者是團隊認為可以提升速度的任何做法。要是實驗成功就繼續下去；如果不行就放棄（當然不是任何嘗試都會成功）。

了解Scrum模式。
- 「**穩定團隊**」和「**昨日天氣**」是為成功衝刺而做的團隊設定。如果做不到，那麼實施Scrum時就會困難許多。
- 「**群集效應**」、「**干擾緩衝區**」、「**緊急程序**」和「**優良內務管理**」是幫助團隊解決衝刺期常常遇到的問題。
- 「**在Scrum裡做Scrum**」和「**幸福指標**」是持續改進的關鍵，讓團隊進入高效生產的狀態，這也正是Scrum設計的目標：用一半時間做兩倍的事。
- 「**愈早完成工作的團隊會變得愈來愈快**」，所有模式如實執行，最後這項模式就會到來。

整備清單

- 找出公司裡的 Mura、Mura 和 Muri 三種浪費，請舉出至少一個實例。說明你要怎麼解決這些問題？
- 畫出燃盡圖，在衝刺期間緊盯團隊進度。
- 實現本章描述的每項模式。它們如何影響團隊的幸福指標和速度指標？燃盡圖下降的速度有沒有變快？

第 **8** 章

別碰不該做的事

　　既然有應該實現的模式，就表示也有不能做的事，也就是「反模式」（anti-pattern）。Scrum不是每次都能成功，有時候也會失敗。但有趣的是，失敗的原因通常都一樣。

　　我們要再次強調，Scrum的設計就是要迅速找出問題。但這通常會讓組織很痛苦，而有時候這種痛苦，會讓組織無法改變。

　　好幾年前，金姆・安泰羅剛進Scrum公司不久，她跟我們合作的一家大型汽車公司談過之後打電話給我。客戶的狀況不太好，負責的人其實沒什麼權力，所有人不斷爭執、互相誹謗，而且他們好像比較想要花幾個月爭吵應該做什麼，而不是實際做出成果。

　　我永遠不會忘記那通電話。

　　「你會恨我的，J.J.。」

　　「怎麼回事？」

　　「這狀況沒救了。」

　　然後她開始跟我說，這家公司在轉變為敏捷企業的過程中碰上種種狀況，以及這些狀況不太可能改變的所有原因。

　　她說的沒錯。

　　所以Scrum公司終止跟那家公司的合作關係。我們沒辦

法強迫你改變，我們只能協助你改變。

　　這些年來，我一直在注意 Scrum 失敗的問題；這些問題一次又一次的出現在各家公司裡。我後來發現，知道要做什麼雖然很重要，但知道不應該做什麼也一樣重要。以下要談的，就是這些反模式和解決的方法。

領導者該做的事

不能半途而廢

　　想要採用 Scrum，組織必須做出非常大的改變：不同的人資政策、不一樣的報告系統結構、不同的角色。要在組織裡實際推動這些改變，「長」字輩的高階主管必須具備強大的領導力，因為如果你建立的新辦法不能成為整家公司的運作方式，那麼改革瞬間就會崩潰。到時候公司不但不「敏捷」，還會被完結。

　　舉一個我爸爸的親身經歷為例。他創辦 Scrum 公司之前，最後一個工作是在叫做 PatientKeeper 的公司服務。這家公司生產醫師和醫院使用的攜帶式電子設備。醫護人員帶著

這種移動設備就能搞定所有事情：開藥、安排各種醫療檢查，或是查看檢驗結果等。公司主管當然很喜歡這套設備，因為它還可以蒐集財務資料，為各種服務收費，連保險理賠都能搞定。

我爸爸那時候擔任技術長。他會去找執行長討論公司要怎麼運作 Scrum。不過執行長說：「很好，只是各個團隊給我那麼多已完成工作的報告，我實在聽得有點膩。我覺得最重要必須完成的就是醫院付款問題，而且沒有未償還的帳款。」

所以大家花了兩年時間完成這項工作，每段衝刺都開發出許多醫院客戶。現在這一整套實務操作叫做 DevOps，不但是原始碼開放的工具，還能雲端操作。但他們那時候完全是從零開始，一切自己打造。

建立整套方法以後，執行長說他們可以每週更改優先事項。每週一下午他都會召集產品負責人和 Scrum 大師，檢查工作進度，進行必要的修改，需要資金就撥款，把各種可能帶來麻煩的客戶和競爭對手當作目標一一搞定。後來大家說，執行長就像是產品負責人團隊的 Scrum 大師：讓產品總負責人主導一切，只有在出現障礙必須排除時才會出手干預，管理上的問題也都可以解決。我爸爸說他們就像是以前的英國軍艦。產品負責人每週都扛著大砲四處移動、

對敵人開火，到了下週又換一個新目標。於是，一年後，PatientKeeper自然笑傲江湖無敵手。他們的工作就是忙著把新的醫院客戶原本安裝的競爭對手舊系統移除，再裝上他們的新系統。公司營收一年暴漲400％！

後來，我爸爸決定設立Scrum公司，全力投入培訓事業。他留下一個人負責帶領團隊，整家公司像是上緊發條一樣，每段衝刺都能帶來許多新的醫院客戶。幾年之後那個人離開了，執行長請來一位不懂Scrum的新主管管理工程部門。一個月後，果然工作績效無法達標。執行長對新來的主管說：「要是再出錯一次，你就不必來了！」果不其然他們再次失敗。於是，執行長決定親自接管這個部門，又回到以前的瀑布式作業方式，工作變得既漫長又痛苦，營收馬上減少一半。這家公司後來又苦苦掙扎好幾年，這就是偉大企業被老方法毀滅的絕佳例子。

傑夫認為，原因不只出在新主管不懂Scrum，整個組織也不知道必須不斷改進才能維持步伐。他在事情爆發前一年就發現不對勁，也警告他們要趕快修復。但管理階層認為只要讓Scrum繼續運作就好，萬一出錯也是工程師的錯，不是他們的錯。所以，可想而知，工程師都甩手走人啦。

這種情況我看過好幾次。有些主管讓業務部門甚至整

家公司採用新方法，但其實沒有獲得最高層的支持。這些主
管一旦升遷離開原職或另謀高就，那套新方法也隨之人去政
息。領導階層常常因此很震驚，明明是同一群人做一樣的
事，為什麼這套方法突然就行不通了？其實，會發生這種情
況，就是因為他們並沒有為了自己或組織將 Scrum 內化。但
底下的人對管理階層突然變換風向可一點也不驚訝，因為他
們過去早就經歷過同樣的事。

　　實施 Scrum 最有效的辦法，就是從領導高層開始改變。
他們必須全力以赴；不管是在財務或營運方面都要進行公
開透明的改革，讓整個組織變成能夠加速改革的新環境。
Scrum 必須從上到下，成為整個組織默認的工作方式。然後
透過疊代一次又一次的改善，但工作方式維持不變。要是每
次新主管上任，工作方式就要變一次，那麼就表示公司還沒
有真正改變，只是虛有其表而已。

為了公司和員工而改變

　　Scrum 一般會從某個部門開始，通常是出問題的部門，
而且問題還很嚴重。等到他們步上正軌，愈走愈快，大家就
會開始注意到。高層也會覺得：「問題解決了，厲害！」然

而，公司其他部門沒有改變，所以其他人會不斷提出各種要求、命令和專案，就像隔著牆扔手榴彈一樣，完全不管這樣做會造成什麼損害。他們不會去考慮這些工作是否有必要執行，跟這個團隊正在做的事情相比，是不是真的有那麼重要，或者這些工作能否真的完成。所以，請各位在拔掉插銷前再想一想。

組織中其他成員，包括領導階層，對於工作方式的思考都需要改變。幾年前，有一家跟我們合作的大型石油公司，想要把整個安全報告系統全部換新。這可是個大工程。但是他們努力了很多年，發起各種專案，還是一再失敗。最後，他們說服兩位來自不同部門的高階主管再試一次。這兩人都雄心勃勃，想要藉此做出成績，所以他們都把這當作是個好機會。要是能解決這個棘手的大問題，往後就能吃香喝辣囉！

當時，其中一位主管讀過《SCRUM：用一半的時間做兩倍的事》，認為這才是完成任務的唯一方法。所以，我帶著幾位Scrum公司的同事飛過去，幫他們培訓人員，成立幾支Scrum團隊。剛開始，事情進展順利，推進速度的確很快。但是我們也一直碰到一個癥結點：公司的另一位主管。她對當下獲得的結果感到滿意，卻完全無法理解為什麼連自己的行為也要改變。所以她還是跟過去一樣，用老方法來管

理團隊。

我們說過，Scrum最厲害的就是揭露問題。所以，大家很快就發現她的決策正是問題，就是這個障礙在拖慢團隊的速度。但是讓我驚訝的是，她一旦明白自己是個障礙，就馬上做出改變了。不過，她的行為已經造成問題，也帶來一些成本。

最後，他們準時更新系統，大家都獲得晉升。最早邀請我們協助的主管，也利用這次的成功向大老闆推薦 Scrum，並強調這一套方法不應該只用在軟體開發專案上，還應該在各種專案中推行，不管是開鑿挖井、架設抽油裝置或管線泵油都可以。採用 Scrum 會帶來寶貴優勢，他們一定要這麼做。後來各部門果然都採用了。

而她做的第一件事，就是確保各部門的領導者都了解自己也要跟著改變。

組織負債

過度精實，利大於弊

精實原則的確很棒。基本上，這一套就是從豐田生產

系統移植過來的方法：將各種浪費屏除到系統之外。精實企
業研究中心（Lean Enterprise Institute）提列的要點如下：

1. 按照產品系列，從終端客戶的角度，認清產品
   價值。
2. 確定各產品系列價值流程的所有步驟，剔除不
   會創造價值的步驟。
3. 確認創造價值的各個步驟緊密相連，讓產品順
   暢的流向客戶。
4. 啟動流程，讓客戶從下一個活動的前期即可獲
   取價值。
5. 認清價值、確定價值流程、消除浪費步驟、啟
   動流程、提供價值；這一整套作業方式周而復
   始，持續改進，臻至完美，達到完全創造價值
   而沒有浪費的程度。

　　如果正確運用這一整套過程，企業可藉由精實管理而
大幅提升工作成果的價值，同時排除拖慢速度的各種浪費。
　　但是，如果精實得太超過，創新能力也會跟著大幅降
低。我看過一些公司只動用最少的人力，卻能達到驚人的生

產速度，的確非常厲害。但是他們除了繼續做現有的產品，也沒有辦法再去做別的事。

他們專注於改善，逐漸提升系統或團隊，而且是持續不斷的改善。這的確很棒，但是他們只關心眼前的流程和方法，卻不曾思考這麼做是否依然恰當，或是正在做的事是否正確。豐田生產系統的另一個關鍵是「改革」（kaikaku），也就是做出劇烈改變，改變整個業務：開發新產品、引進新策略，運用新工具。例如回應市場上各股力量的流動，像是 iPhone 上市以後，大家要的就不再只是手機而是智慧型手機。這樣的改革也可能在組織內部發動，不過內部通常只是逐步小幅改善，不容易再出現大幅度的改革。所以各位要發動顛覆一切的專案，你可以叫它萬象更新或者是煥然一新，隨你高興，總之就是要做出徹底改進。

但是如果太過精實，精簡的剛剛好，完全不留餘裕，那麼也不會有時間和資源進行創新。以前有一家公司是 iPhone 關鍵零件的唯一供應商，因此大賺了一筆。後來蘋果想要完全不同的東西，需要全新的製程。但是這家供應商因為系統太過精實，花了好幾個月才提出徹底改革的方法。你知道嗎？結果蘋果選擇另一家供應商，因為他們能夠更快速的行動。

精實的公司固然很棒，但要是精實得過頭，最後就是毫無應變能力。

不要被工具牽著鼻子走

Scrum 工作法有許多工具可以使用，像是管理待辦清單和追蹤進度的軟體，每週都會有人推銷至少一種新的工具給我。而且這幾年下來，我就用過四種不同的軟體。每種工具都會有不同的特色，有些工具可以用來估算各項任務花費多少小時；有些可以提供報告，但不是你想要的那種報告；有些需要和系統進行笨拙的互動才能順利運作；或者必須在五個不同畫面上勾選方框才能獲得需要的協助。

我看到很多團隊把自己和工具綁在一起，根據工具的指示來做 Scrum，即使工具提出的要求對他們的狀況來說很荒謬，這些人也不敢不照做。這些工具都是根據特定工作方式而建構，但你的需求很可能跟它不一致。

我知道各位都必須使用某些工具，所以我建議，在使用特定工具之前，先土法煉鋼在牆上貼便利貼，經過幾次衝刺後，找出最適合團隊的工作方式。例如，如何確定哪些工作已經準備好，可以呈現給產品負責人看。或是你需要明確

標示出某些工作的因果關係，讓其他團隊知道他們是否造成阻礙。

　　請各位完成這些作業後，再使用那些工具。而且，要依照你的工作方式來使用工具：某些用不上的功能就直接忽略，就算你使用某些功能的方法不符合原始設計，也不用過於拘泥，只要你的團隊用起來順手就好。你要讓機器為你服務才對，天網（Skynet；編注：電影《魔鬼終結者》中試圖挑戰人類的 AI 超級電腦），我早就你說過了喔！

做法很重要

別把 Scrum 當成教條

　　萬那杜（Vanuatu）是由大約 80 座島嶼組成的島國，這個國家之所以出名是因為某些原因。這裡是全球海平面上升時，馬上會受到嚴重影響的地區。1947 年詹姆斯‧米奇納（James Michener）的《南太平洋故事》（*Tales of the South Pacific*）說的也是這個地方，後來更啟發羅傑斯和哈默斯坦團隊（Rodgers and Hammerstein）創作音樂劇《南太

平洋》（*South Pacific*）。在綿延超過800英里的島嶼中，有一座小島叫做塔納（Tanna）。塔納島上，每年2月15日是「約翰‧佛洛姆節」（John Frum Day）。約翰‧佛洛姆是塔納島的救世主，據說他會帶來很多貨物拯救大家。這到底怎麼回事呢？請聽我細說從頭。

在第二次世界大戰前，這個島國叫做新赫布里群島（New Hebrides），但誰也沒注意過這裡。後來，全世界都在打仗，這些小島突然都變得非常重要。所以，美國海軍在這裡著陸，建築工程部隊（Seabees）在叢林中伐木開道，蓋起一座座機場、軍事基地和軍營。到最後，駐紮此地的部隊總共大約有40幾萬人。他們帶來許多貨物，有幾十萬噸的補給品和裝備，彷彿一波豐盛異常的貨品海嘯席捲島國。所以傳說中的約翰‧佛洛姆就此出現，對大家說：「我是美國來的約翰，要不要來一條巧克力棒？」

等到戰爭結束，美國人離開，那些基地、機場全都遭到廢棄，原本從機場跑道和碼頭源源不絕卸下的各種貨物也消失無蹤。於是約翰‧佛洛姆就被當地人當作神明，說他是可以帶回各種貨物的救世主。為了召喚約翰‧佛洛姆，島上人民運用木材、樹枝和各種當地的材料，在叢林中仿造機場塔台和飛機跑道。他們以為只要信仰虔誠，正確舉行儀式，

約翰・佛洛姆就會回來。這些都是真的，不是我在編故事。

　　一直到現在，他們還會在胸前塗寫USA字樣，拿著木槍模仿軍隊陣型跳舞。他們說，要這麼做約翰・佛洛姆才會回來，甚至由此衍生出一個政黨，其中一位信徒不久前曾短暫的擔任派駐俄羅斯的大使。從以前到現在，拜貨教都是真實無比。

　　其實，我曾在某些Scrum團隊裡看到這種儀式化的現象。很多人把Scrum指南當成聖旨，以為實施Scrum就是它的唯一目的。我參觀過一大堆Scrum辦公室，空間寬敞又明亮，好像工作很好玩。等到我問團隊是不是每段衝刺都做出成績，大家就顯得侷促不安。

　　我們有個大客戶，員工人數達五萬人、手上有7000萬家客戶。這家公司開始實施Scrum以後，決定要把以前在專案管理部的專案經理都訓練成Scrum大師。

　　這些才剛轉換身分的專案經理，帶著誠摯的熱情和信念擁抱Scrum，但是他們似乎太過熱衷，使得狀況顯得有點奇怪。他們會去上課、看書、開會討論，也學習怎麼玩各種「敏捷」遊戲，並且熱烈討論僕人領導（servant leader）是什麼意思。然後，他們按照這套方法工作、舉辦相關活動，還用掉一大疊便利貼。他們就跟祈禱約翰・佛洛姆回來的拜貨

教徒沒兩樣，以為做點儀式和莫名其妙的動作就會有用。

　　而且，根本沒人相信這些新上任的 Scrum 大師，開會的時候，他們全被晾在一邊，說什麼建議都沒人聽。大家都把他們當作是沒用的冗員，只會浪費時間、空間和金錢，完全拿不出成果。

　　會變成這樣，是因為他們的工作只有宣告要「促進 Scrum 事件」，僅此而已，所以沒人覺得他們會做別的事。他們只是到場主持開會，也只曉得操作 Scrum 的方法，完全不知道為什麼需要 Scrum。

　　他們好像都不知道，Scrum 是致力於把工作完成的方法。是的，採用 Scrum 以後，大家的生活會變好；彼此或許會更加互相尊重；我期許大家的工作也會變得更有趣。但我之前說過，Scrum 大師存在的唯一原因，就是要盯速度，但是那些人完全沒有辦到。

　　當我詢問要怎麼解決這種 Scrum 拜貨教的問題時，Scrum 公司的麥考・巴吉特（McCaul Baggett）告訴我：「在自己的團隊中要扮演專家的角色。」麥考是 Scrum 的教練和培訓師，要是客戶的 Scrum 大師需要救援，我會請他過去協助。

　　「要做成功的 Scrum 大師，」他說：「必須不斷的溝

通。這個答案雖然說來簡單，其實相當複雜。」

　　麥考說，你需要跟團隊溝通的是，他們要怎麼利用那些資料來工作、要達到什麼水準。要是團隊不能持續改進，就要提示他們團隊速度，加強大家在衝刺期間的投入，掌握他們的工作方式，詢問大家覺得要如何改進。你必須仔細觀察他們提出的每一項改善建議後，再向整個團隊探詢意見：「這樣對嗎？有發揮作用嗎？」

　　Scrum 大師也必須注意團隊的對話狀況。麥考說，團隊成員或產品負責人的心態完全不同。所以，優秀的 Scrum 大師在乎的不是團隊討論的事情對不對，而是討論的方式對不對。因為方式正確，才能進展順利、工作更快。

　　下列是他評價 Scrum 大師的標準：團隊是否不斷改進？團隊幸福快樂嗎？這兩項只是基本標準。再來才是他們有沒有持續改善公司？要是他們持續不斷的排除妨礙團隊發展的障礙，最後這一項就很容易達成。排除拖慢團隊工作速度的障礙，就是他們工作職責的本質。這項標準不只可以提升自己的團隊，也會幫助許多團隊和公司本身。

　　所以不能只是做表面功夫。那些儀式不能成為現實。

圖4

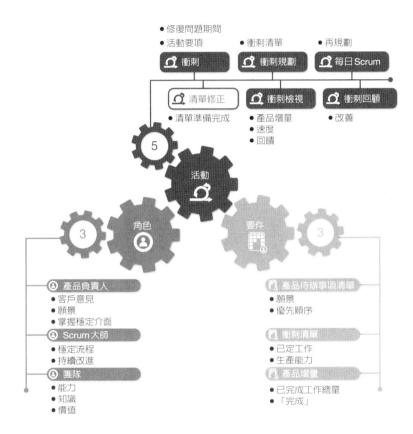

Scrum 不能挑著做

Scrum非常簡單，就是三種角色、五項活動、三大要件、五大價值。這些元素都很重要，為了徹底翻轉生產效率，你必須具備這些元素並且堅持下去。這些元素會彼此聯繫、互相強化，所以我們經常看到缺少一項或多項元素的團隊，自然表現就不太好。

要是有客戶要求Scrum公司去評估Scrum的實施狀況或設置Scrum架構，我們注意的重點就是圖4的元素。我們常常看到團隊沒有分配專屬的Scrum團隊成員、產品負責人，或是其他基本要素。所以我們畫出圖4，讓所有團隊都能一目了然，知道實施Scrum需要的每項要素和執行方法。

我們通常會把這張圖貼在白板上，方便查看每支團隊的狀況，並且標示出在整個架構各個方面運作得如何。是否順利？有沒有持續改進？還是正在走下坡？

只要跟著團隊一起檢查圖上的各個元素，你就能夠迅速了解公司實施Scrum的狀況，妨礙Scrum執行的障礙也能無所遁形。你的Scrum大師可以利用這張圖，把那些障礙列為優先事項，一一排除，而且最好每段衝刺都這麼做，甚至每次活動之後都再確認一次，也不會花很多時間。把這些元

素一一標示出來，就可以迅速採取行動，不會過了三個月才發現團隊無法準時拿出工作成果，是因為一開始就跳過「清單修正」這道程序，造成待辦清單不完備。

各位如果現在還沒辦法讓所有元素一直保持在良好的狀態也沒有關係，只要從現階段開始，一步一步慢慢改善就好。而且，其實只要確實做好每日Scrum，狀況自然一目了然，並且帶來很大的幫助。接下來就可以開始一個接一個的解決各種問題。

這些元素都很重要、影響重大。我們必須嚴守紀律、聚焦，並且不斷監控、調整和試驗。

有一家領先全球的農業機械設備製造商就做得很漂亮。他們剛開始實施Scrum的時候，只先做其中幾項活動。他們從每日Scrum開始，隨後加入衝刺規劃，後來再導入衝刺檢視。這家集團分布多國，有八座研究發展中心，但負責帶領集團轉型的人根本不必怒罵拍桌子，只要每週不停發送電子郵件，說明各式各樣的做法，分析各種新方法的好處。這種做法帶來的變化雖然緩慢，但也愈走愈順利。一年半以後，大家工作的速度快了八倍！更重要的是，他們能夠更快速的把新產品推向市場，每天循序漸進、正確無誤的完成Scrum任務，創造價值、傳送價值。

別把競爭力外包

　　跟我們合作的很多大型企業都把多數的工作外包出去，有些公司的人力甚至大部分都是代工廠商負責。要我說的話，我覺得這種狀況真是詭異，不過我們還是專注在Scrum的作業上吧。所以，要是有人打電話來問：「喂，你明天能派50位Scrum大師過來支援嗎？」我也不會覺得太奇怪。

　　要派出50位Scrum大師絕對沒問題，這樣我可以賺很多錢！不過我認為，連Scrum這種最核心的競爭力也要外包，實在糟糕無比。各位要是想達到「文藝復興企業」的水準，Scrum正是最關鍵的做事方法，一旦外包出去，貴公司永遠沒辦法真正消化吸收這些寶貴的知識。

　　我不是說不該從外部找人來做培訓和輔導課程，因為各位可能需要這些幫助。但是，員工也一定要接受培訓，培養出自己做Scrum的能力。我們Scrum公司堅決相信，能夠建立、指導、維護和加速自己團隊的企業，才能成就偉業。所以我們的工作是在公司內部建立這種能力，而不是由我們擔任團隊成員。我一再的跟所有的教練和顧問強調，我們的工作就是帶來改變，而且在我們離開以後，那些改變也會繼

續下去。最重要的是，我們一定要放手離開。

　　Scrum的架構其實非常簡單，只是它在石油、天然氣公司、銀行或實驗研究機構中的樣子完全不同。其中當然還是會有一些共通點，只是每個組織、每支團隊，都有不同的文化、思考模式與做事方法，並不是一套模式放諸四海皆準。

　　組織要創造偉大的才能與智慧，就不能外包，要靠各位去建立，讓它成為你獨有的做事方法。

障礙惡化

　　幾年前，我在矽谷拜訪過幾家新的科技業、社群媒體和網路龍頭等大企業。我在其中一家科技大廠演講時問大家：「你碰上的最大障礙是什麼？」「拖慢腳步的最大原因為何？」「現在有什麼狀況讓你最火大？」

　　一位勇士站起來說：「我們想做任何事，調動部署都要排隊；現在要排八天，而且還愈排愈久。上頭不解決這個交貨瓶頸，只會叫我們新增更多功能。」

　　我問大家是不是都碰上這個問題，多數人都點頭表示同意，有人甚至鼓掌叫好。

　　我又詢問來聽演講的幾位Scrum大師，有沒有把這個問

題反映給高層。他們說都講過，結果上頭叫他們不要吵。

六個月以後，那家知名大公司的執行長因為交貨不夠快而遭到解僱（我不能指名公司名稱，因為我當時簽過保密協議才能踏進那家公司）。

要發現問題通常很容易，但是有時候解決問題卻很困難。有一些棘手問題需要花很長時間，但你總要開始做點什麼才能解決。你要是不行動，員工就會認為你沒有認真嚴肅面對他們的問題。

我都鼓勵領導團隊要立一塊板子來反映障礙，讓大家看清楚問題在哪裡。這塊板子應該掛在大家通行來往的地方，就掛在執行長的門口我覺得也不錯。事實上，板子上揭示的問題，也應該已經提升到執行長的層級，每個問題都要指定一位經理負責解決，每位負責人的相片要貼在上頭，而且詳細記錄問題出現到解決總共花費多少天。要是執行長不願意把板子掛在門口，那就你自己來追蹤問題。

有一次，有位老朋友打電話給我，說他帶著幾十名記者和編輯，正在做一個全國性的新聞專題，但現在碰上問題。事實上整個專題都卡住了，因為他們需要先通過某些審核，批准卻遲遲不下來。副總經理很忙，寫電子郵件去問也得不到回應，或者只會說：「跟 Scrum 大師說，我會盡快處

理,但我現在有場重要的會議要參加。」

我叫朋友用便利貼把所有必須完成的工作貼在板子上,讓大家看到這些障礙如何阻礙所有工作的進行。然後拿出手機拍照後,不但要寄給那位副總經理,還要寄給公司所有的副總經理。態度要溫和、有禮,不過每天要寄一次:「您好!只是要讓您知道,我們還卡在這裡。我們非常感謝您的協助,也完全理解您的行程安排非常繁忙。」三天以後,問題就解決啦。

問題出現就要解決,起碼也要「開始」解決。而且要向大家展示,你正採取某些方法以解決問題。這麼一來,你就非常清楚的表現出熱心投入,讓公司進化為 Scrum 企業。

專注在有效的地方

產品負責人決定生死

產品負責人是團隊與整個世界的穩定接口。他們要做很多事情,也要對很多事情負起責任。市場需要什麼,團隊要以什麼順序、什麼速度來交出產品,都是由他們決定。

　　但事實上有些人卻認為這個工作不重要。有些公司只是把原本的「業務分析師」職稱改成「產品負責人」，連工作內容也不變，結果除了頭銜之外，什麼也沒變。有些公司則是隨便找個忙翻的經理說：「嘿，產品負責人就是你，不過你還是繼續做原來的工作。」也有一些主管堅持自己擔任產品負責人，卻沒時間和團隊互動。或者是已經找資深技術人員來擔任產品負責人，但他們跟利害關係人與客戶的溝通明顯不足。各位要是跟以前一樣做事，那麼當然只會獲得跟以前一樣的結果。但是我要強調，優秀的產品負責人正是採用 Scrum 獲得成功的關鍵。

　　Scrum 公司的首席產品負責人派崔克・羅奇（Patrick Roach）曾這麼說：「各位帶領團隊進入未知的世界進行探險，成功的關鍵就在於你的行動計畫。過程中總是有不可避免的爛事和危機，團隊的存活取決於你有沒有辦法激發周遭人才的創造力。這個角色非常令人振奮，但影響重大。」真的非常重要。

　　我看過最悲慘的事莫過於找來真正的好人才，大家都拚命工作、也做得超級快，結果卻做錯東西。舉個例子來說，手機大廠諾基亞（Nokia Mobile）原本在業界呼風喚雨、舉足輕重，但短短幾年內就把江山全部玩掉了。他們

其實有非常厲害的 Scrum 團隊，速度超級快，甚至透過「諾基亞測試」（Nokia Test）提出基本問題進行敏捷管理：「衝刺期安排多長？」「有沒有產品負責人？」「有沒有畫燃盡圖？」「有沒有準備好優先事項清單？」

　　但是如果只是按照表格勾選，那麼任何測試也會變成誤導。諾基亞原本擁有相當厲害的 Scrum 團隊，交付成果的速度非常快。然而，iPhone 推出以後，這些非常厲害、迅速的 Scrum 團隊卻只會做出錯誤的東西。這是因為市場已經出現重大改變，但是產品負責人的反應不夠快。所以諾基亞的失敗不是敗在團隊，而是敗在產品負責人。

　　再舉一個例子。我曾經跟一家金融服務業者合作，幫他們重新建立雲端交易系統。所謂道高一尺，魔高一丈，詐騙犯罪的手法一直在進步，罪犯行動也比以前更快速，所以金融業者也要全面提升網路交易的安全防護機制。他們面對的風險當然很高，因為每天有數百萬名客戶進行幾百萬、幾千萬美元的交易，而且新系統要是不能在那年夏天推出，還要支付巨額費用給協助線上交易的第三方廠商。這筆費用高達千萬美元，貴得超離譜。

　　這項專案的成功關鍵在於，有一群非常精明能幹的產品負責人組成團隊，目光如同雷射光一般聚焦，專注於把握

時間，安排正確的工作優先順序。他們絕不允許清單之外的工作干擾，產品負責人對每段衝刺完全負責。有時候，我會收到他們寄來的專案燃盡圖，圖上顯示團隊近乎完美的趕上完成期限。到了那個黑色星期五，新系統全部完成，每秒可以處理600筆交易，回應時間只需50毫秒，99.9％的時間都能維持正常運作。現在，這家金融服務業者隨時都可以無縫接軌更新交易防護機制，每年省下3800萬美元的費用，而且也不用再找外包廠商以後，每年還能更再省下4000萬美元。這都是優秀產品負責人的功勞。

　　優秀的產品負責人可以徹底改變組織的發展軌跡。各位一定要記住，產品負責人必須果斷，即使手上資訊不夠完整也要迅速做出決策；他們還必須知識淵博，對於產業和市場都有足夠了解才能做出明智的決策；此外，他們的時間基本上要分成兩半，一半給團隊、另一半給客戶，要是做不到這一點，只能算是利害關係人，沒資格擔任產品負責人；他們必須獲得充分授權與高層的支持，可以採取任何行動，還要有權力與自由做出正確的決策；最後，他們要為團隊負起責任，因為團隊所做的一切能否順利成功都與產品負責人息息相關。

知道哪些事情該發生、哪些不該發生

　　戴夫・史雷登（Dave Slaten）是我們Scrum公司的產品負責人培訓專家（whisperer）；這些人可是說話溫和卻作風強硬。他看過許多組織因為糟糕的產品負責人而四分五裂，所以開發出一套工具來解決這個問題。我要跟大家分享，在這套工具裡，我認為擔任產品負責人最重要的一件事：一定要搞清楚哪些事情不要做。

　　戴夫會帶大家做一項練習，他稱為「校準路線圖」（alignment map）。我則把它叫做「痛苦撞牆練習」（wall of pain）。首先，戴夫會帶著產品負責人離開會議室（畢竟他們只能花一半時間跟團隊在一起），要他們寫下希望團隊進行哪些最重要的事項。另一方面，產品負責人離開會議室以後，他也會叫團隊成員寫下他們實際進行的工作。最後，他把產品負責人和團隊寫下的清單放在一起，讓他們兩相比對，看看其中有多少差異。戴夫說，團隊大多數時間的確都在做最重要的工作，但還是有很多時間投入完全不重要的工作上。而且，他們做出來的東西根本沒有人需要。

　　戴夫說，要解決這個問題其實不難：訓練產品負責

人用不同的方式來思考待辦清單。產品負責人必須先弄清楚現階段最需要的東西，也就是戴夫說的「基本成果」（minimum delivery）。待辦清單要是編寫正確，產品負責人和團隊寫下的工作項目就會完全一致。這項練習其實是在強調，大家都需要一套白紙黑字寫下來的適當驗收標準，才能回答出這個再簡單不過的問題：工作怎樣才算是完成了？

戴夫進一步解釋，完備的驗收標準不是列出「團隊必須做的事」，而是讓團隊明白「所有他們不必做的事」。因為決定哪些事情不必做，比決定要做哪些事更重要。所以，各位只要著重在眼前的需求、注意這一段就夠了，不要想著一次全部搞定。

數據才不在意你的意見

我的業務生涯曾經歷過不少相當詭異的狀況，有一次是發生在一座非常沒特色的辦公園區裡。去過那裡的人都會懷疑，建築師難不成對於自己有能力達到極致的無聊而特別驕傲，才會把這座園區搞得這麼枯燥乏味。

不過，這座無聊的大樓裡有一間無聊的會議室，除了坪數很大之外一無可取。這間辦公室真的超級大，裡頭有一

張巨大的 U 型長桌，總共坐了三、四十位高階主管。當時，他們正在召開年度計畫會議，要決定下一年度將進行哪些專案項目。我來參觀是想知道他們怎麼開這個會。

有位資深副總經理把一張試算表投影到牆上，表上列出一堆專案，完全沒有排列優先順序，只是放上他們認為必須做的事情；他們把這些事稱為「大岩石」（big rocks）。資深副總經理環顧會議室時，眾人忙著查閱好幾疊紙本文件，或是筆電上其他試算表，業務助理則不時跟他們咬耳朵。副總經理開口：「好，我們明年總共有 50 萬的人力工時，公司員工和外包廠商都已經包含在內。因此，莎拉，你來負責試算表上第一項專案，你認為需要多少工時？」

莎拉查看文件、盯著筆電又問過助理後回答：「25,000 小時。」

另一位副總經理突然插嘴：「這樣夠嗎？這項專案很困難喔。」

「好吧，那就 35,000 小時！」

專案就這樣決定了。完全沒談到這些數字背後的依據。整間會議室除了大膽的猜測之外，沒做出任何有憑有據的估算。順帶一提，他們去年也是這樣搞定 12 塊大岩石當中的一個。

　　不管這35,000個人力工時怎麼計算、要由多少人來填補工時，團隊成員應該都會分布在全球各地的不同團隊當中。而且，不管估算得粗疏或精確，背後其實還會牽涉到預算、規範和日期等條件。我知道會議結束後，莎拉的團隊就要為第一項專案赴湯蹈火了。

　　不過，我的同事喬‧賈司提斯（Joe Justice）說他碰過更荒謬的狀況，有一家公司進行專案與預算決策的方法堪稱「獨特」。他當時跟一家跨國製造商合作，受邀參加會議，討論明年度的計畫。開會的地點在一艘遊輪上，而且你沒想錯，這場會議最後變成一趟盡情豪飲的遊輪之旅。喬跟我說：「船上的宴會廳裡，大家都喝得有點醉，一邊決定明年的重點工作、預算和專案負責人，一邊猛灌酒。這簡直是瘋了！所有決策都毫無理由、看不出什麼道理，也沒有任何數據作為依據。」他們這樣就決定幾億美元要怎麼使用。

　　不過，各位知道嗎？這兩家公司會這麼做，可能已經盡力而為，因為他們說不定也沒有正確的數據。

　　但是Scrum能夠創造出大量的數據：速度、流程效率和幸福指標等。只是你要懂得使用，藉此了解團隊的速度，讓實際執行工作的人估算進度；然後按照衝刺規劃的安排，即時追蹤，盯緊工作進度；即使狀況開始偏離軌道，你會馬上

知道，也就能盡早修正。

金姆·安泰羅（Kim Antelo）曾經跟一家跨國製造公司合作，當時那家公司的部門壁壘非常分明，每一位副總經理都把業務當成領地在經營。因此，不同部門竟然各自都在做完全相同的工作，也從來都不知會其他部門，這樣的狀況還發生過好幾次。這家公司完全不安排工作的優先順序，所以金姆跟公司領導階層開始合作以後，竟然發現他們正在進行的產品竟然高達2000多種，平均每位員工要負責兩種。

為了解決這種狀況，他們組成一支產品負責人團隊，以確實掌控大家的工作內容，並且順利把進行中的產品降低到大約200種，又區分成20大類。這個階層的產品負責人團隊都是高階主管級的產品負責人，他們每個人又分別帶領很多個中階主管級的產品負責人，而這些中階主管又帶領幾位基層主管，這些基層主管則是跟Scrum團隊一起工作，擔任團隊的產品負責人。這種三階層的產品負責人團隊中，最頂端的領導者通常就叫做C3PO。（譯注：C3PO是電影《星際大戰》中一個非常嘮叨碎唸的機器人。）

這些產品負責人每週要開一次週會，交換情報、檢討現況，確認有哪些最新的變化可能改變工作的優先順序。他們每季也要開一次季會，決定哪些專案需要再撥資金進去，

哪些不用繼續撥款。他們會根據Scrum團隊提供的數據，深入研究每一種產品，並且對於預定要達成的目標交換意見和看法。由於專案資金是按季提撥，所以幾個月後大家又要共聚一堂，交換這段時間的所知所聞，討論下一批問題要如何解決，以及預估產品可以送上市場的日期。只有經過這些流程，專案才能獲得更多資金。

　　有時候他們會發現，有些事情根本不需要做；或是原本以為不重要的產品，現在才知道其實很重要！不過，因為他們在一年當中分成好幾次檢討資金的運用，而不是在年初什麼都不清楚的狀況下就貿然決定，所以事情一旦出錯，就能很快做出反應、調整方向。像這樣大部分根據實際結果改變工作的順序，而非盲目猜測該做哪些事，就能根據數據而非個人意見來做決策，所以整個組織要規劃優先順序變得非常容易。

　　讓我再舉個例子說明公開透明可以帶來的好處。有一家跟我們合作的大數據公司，執行長把幾項專案拆開給不同的團隊執行，總共有好幾十支團隊在負責。她想知道特定專案的執行速度，不是團隊的速度，因為團隊還有很多其他工作同時在執行。她提出的問題是：各團隊分工進行的某項特定專案到底可以多快完成？

我們跟她說這個問題很好解決,只要把各團隊的估算數字加起來就好。執行長說:「但你們說,不同團隊的速度和估算數字不能拿來互相比較。」對,我們的確這樣說過,而且我們對那些估算值唯一的了解,就是它們都是錯的!全部都錯。現在既然有這麼多團隊可以計算估算數字,差異很快就會一清二楚。

他們用「超重要專案」標記相關待辦事項,然後依據各團隊每段衝刺的情況記錄燃盡圖,所以執行長每週都能看到各團隊在這項專案上的進度。

為了方便說明,假設他們有幾週是以20～25項的速度在推進工作,這樣的燃盡狀況可以說是很不錯,大家也很有信心能準時完工。但是,奇怪的事突然發生了。就在執行長每週查看進度,覺得相當滿意的時候,有幾段衝刺突然變慢,狀況大不如前。到底發生什麼事?畢竟這是執行長最關切的重要任務,我們很快就著手調查。結果發現,原來是另一位高階主管又指派團隊去忙別的優先事項,所以那項「超重要專案」就變慢了。

不過,執行長在產品發表期限前幾個月就知道這件事,所以她可以採取適當的行動調整方向,把團隊的作業導回正軌。這時候,她第一次感到自己真正能夠指導組織,對

於特別關心的事情都了解得很清楚,也不必看什麼狀態報告
(status report)或 PowerPoint簡報。那些報告一向只會說專
案進度沒問題、很順利,但等到距離截止期限只剩兩週才突
然發現通通是問題。執行長根本不需要參考別人的意見或是
精心製作的報告,因為她手上有數據。

運用Scrum將獲得很多數據,你可以用這些數據做實
驗,而且很快就能看到結果。以經驗為本的系統就是需要不
斷的檢查和調整:探測、回應、評估,再探測、回應、評
估。重要的是,不只個別團隊要不斷檢查和調整,整個企業
也都要實際執行。這種做法在某種程度上可以說是個安全防
護網,確保那些花費幾億美元、進行一整年的大型專案不會
陷入茫然無知的危險狀態。因為我們依照衝刺進行檢查和調
整,所以狀況一旦出現變化,可以隨時跟著調整。

大多數組織在這方面都做得很糟,這對我們大有好
處,因為我們可以迅速造成巨大的影響力。我之前曾提到一
些Scrum的關鍵,不過我想把它們彙整在一起,方便各位日
後查找。下列項目可以說是能夠在一夜之間大幅提升團隊速
度的最重要關鍵。

□ 穩定團隊。把專案指派給團隊成員,而不是四

處調動人力去做專案。

☐ **昨日天氣**。專注投入上次完成的工作量。

☐ **專一團隊**。團隊的工作脈絡要是一再切換，會成為致命傷。

☐ **每日 Scrum**。每一天在同一時間、地點進行立會。

☐ **干擾緩衝區**。提防意外狀況的緊急計畫。

☐ **小團隊**。三到九人最理想。規模愈大，速度就會急遽下降。

☐ **備好待辦清單**。哪些工作需要完成，一清二楚。

☐ **優良內務管理**。一旦找到缺陷、破綻，今天即刻處理。

☐ **T型人**（T-shaped people；**啟動群集效應**）。沒有影響全局的單點故障。

☐ **完成工作**。每段衝刺結束時，排定的工作都能確實完工。

☐ **團隊組合**。每個人都應該關係親密、彼此熟悉。

各位要是還沒完全做到這些重點，那麼請先挑一項開始執行。我們可以一點一滴推進，一段接著一段衝刺，一項

接著一項改善來進行，就能朝著目標邁進，到最後達成全部的關鍵項目。不過，你可能無法全部達成，因為有些事情也許就是超出你的控制範圍，所以沒關係。

但是，你要注意的是，工作方式很重要。要是你決定哪些事情不必做，也要搞清楚這項決定會帶來哪些成本，而那些成本常常無法用肉眼看出來，所以必須去深入了解事實的本質。要是你一直無法看清楚，自然難以描述或與他人討論；而且如果你找不出問題，就完全無法修復或彌補。

我當然真心誠意希望各位可以解決那些問題；我希望看到世界上每個人的潛力都能夠釋放出來。各位要是從接受轉為行動、從被動轉為發揮強大力量，你努力改變的這個世界就會永遠不一樣。我希望在我們所生活的未來，人類的潛能不會再被浪費，造成不必要的悲劇；我期盼有一天能對我們的創造感到驚奇與讚嘆。

而且你也辦得到，你的決定就是選擇，未來絕非不能改變。

重點摘要

當心「反模式」。你有聽人說過「我要找出最爛的辦法，全部試過一輪」嗎？當然沒有。不過，不是每次Scrum都能成功，Scrum團隊也會失敗；只是有趣的是，失敗的原因通常都差不多。

Scrum不能挑著做。沒錯，就算執行得不好或只有部分有效，Scrum還是可以提升產能，但也只能達到某個程度。Scrum其實非常簡單，三種角色、五項活動、三大要件、五大價值都很重要。各位要是想讓產能徹底翻轉，就要努力達到所有條件，因為這些關鍵會互相聯繫、彼此強化。

領導階層。實施Scrum最有效的辦法，就是從高階領導者開始做出改變。他們必須願意全力投入，讓Scrum成為整間公司從上到下完成工作的方法。如果這個新方法不能內化成為整家公司的運作方式，團隊可能馬上崩潰。這樣的組織不可能敏捷，只會脆弱。

要看數據，不是個人意見。Scrum能創造出大量數據。但各位必須懂得使用，才能進行實驗並快速查看結果。以經

驗為依據的系統就是要不斷的檢查和調整：探測、回應、評估；再探測、回應、評估。

別把競爭力外包。讓組織變得偉大的人才，不能靠租用取得。你要培養、發掘人才，讓他們成為你創造的一部分。只是採用外包人員或找代工，組織將難以內化吸收知識。

整備清單

- 確定團隊或組織裡有多少「反模式」，把它們列在便利貼上以後，全部貼到板子上，直到這些障礙真正排除了才拿掉。

第 **9** 章

打造文藝復興企業

艾瑞克・阿貝卡西（Eric Abecassis）在 2017 年 1 月上任斯倫貝謝公司（Schlumberger）資訊長時，碰上一個可能影響職涯成敗的關鍵問題。斯倫貝謝當時大力投資一項影響公司未來的專案：資訊科技系統的關鍵現代化。雖然他們已經投入許多資源，專案卻還是面臨嚴重的挑戰。

他覺得當時該是做得更徹底的時候，所以打電話來 Scrum 公司，尋求更敏捷的工作方法。阿貝卡西對公司高層解釋：「用 Scrum 做實驗，只要花幾個月而已。要是成功，就會在效率上出現重大突破。」整家公司都會因此受益，不僅僅是後勤部門而已；它甚至可能徹底改變公司的工作方式。

屹立百年的沉默巨人

你可能從來沒聽說過斯倫貝謝這家公司，甚至連公司名字都會唸錯，但你一定會對它的業務遍布全球各地感到驚訝。事實上，地球上的任何一個地方如果正在鑽探石油、開採天然氣，很可能就是這家公司在做。那些蘊藏的天然資源不屬於他們，而是大型石油和天然氣公司的資產，斯倫貝謝擁有的是技術和專業知識。他們在全球 120 多個國家提供產

品和服務，有來自140個國家的10萬多名員工。

　　這家公司是由康拉德（Conrad Schlumberger）和馬賽
爾‧斯倫貝謝（Marcel Schlumberger）兄弟在1926年創立，
他們那套鑽探技術已經是業界的基礎方法，要是沒有這家公
司的技術，後來的石油與天然氣產業絕不可能達到現在這
種規模和範圍。斯倫貝謝兄弟發明的方法叫電氣測井技術
（electrical well logging），是利用探測頭拉著電纜線深入油
井，檢測地下岩石的電阻。再透過適當間隔讀取檢測數據，
從電阻數值的變化就能輕鬆分析出地層物質的分布，找到石
油。

　　隨著石油需求成長，斯倫貝謝公司的客戶也跟著增
加。他們在研究發展上投入大量時間、大筆資源，一直走在
石油與天然氣產業的技術最前線。他們是第一家利用電子
郵件傳送資料的公司，當時還是1981年；他們也是幾家最
早使用阿帕網（Arpanet）的大型企業之一；我們現在使用
的網際網路正是由阿帕網演化而來。1991年，斯倫貝謝又
採用開放結構網路的TCP/IP通訊協定來強化公司的內部網
路，進一步提升性能及互通性（interoperability）；其實，斯
倫貝謝的內部網路在當時已經是全球數一數二的通訊網路。

成長帶來的複雜問題

　　斯倫貝謝跟很多大企業一樣，在20世紀併購許多小公司。然而，但併購之後要整合所有資訊系統可不簡單。他們那時候發現，整個組織有各種不同的電腦設備在運作，總共使用150套資訊系統，操作系統也各不相同，甚至沒人搞得清楚整家公司的資訊樣貌。

　　所以，他們決定解決這個問題，準備用一套大系統把所有系統整合起來，形成「企業資源計畫系統」（ERP）。這套系統對現代跨國企業來說就像是分布全身的微血管，把所有部門的各項業務通通連結在一起，包括現金、原料、業務流程、薪資、財務與會計、採購訂單和供應鏈等，你說的出來的業務都能連上這套系統，而且應有盡有。他們選擇採用SAP公司的系統，這是最多企業使用的ERP系統。他們還根據公司的需求做了許多客製化調整，那真是個非常龐大而複雜的專案。

　　阿貝卡西在被任命為資訊長的一年多前，其實就已經做過SAP系統的導入工程。就算是當時也已經是非常吃力的工作，因為要跟600人一起作業。「等到15個月後我再次

回來，」阿貝卡西說：「已經不只600人，是1300人！每天都要跟1300人協調合作，根本不可能！」

不過，他注意到生產力數字。人力增加超過一倍，但生產力跟以前完全一樣。除了人事成本增加，讓組織變得更複雜之外，什麼也沒有改變。

「我們非常需要一個突破讓工作更有效率。」阿貝卡西說。

先搞定解決辦法

Scrum公司是在感恩節之前開始跟斯倫貝謝合作。一開始的幾段衝刺做得很勉強，真的不容易。不過資訊架構與管理部副總經理吉姆‧布雷迪（Jim Brady）說狀況很快就好轉。到了隔年五月，產能已經提升25％。「這個變化非常迅速，而且開始產生影響，我們已經減少40％的外包人力。雖然還沒做到用一半的人力做兩倍的工作，但顯然是朝著這個方向在走。」

阿貝卡西說，現在整個專案的成本已經降低25％，但改變還沒有結束。「我認為我們還可以繼續努力！」他

說：「我們絕對可以節省30～ 40%的成本，同時提升產能
30%～ 40%，因為我們進展的狀況非常好。」

斯倫貝謝在他們最大的市場北美地區導入SAP系統，
並且在2019年4月正式開始運作。其實，他們只是改變了工
作方式而已。

不同的思考方式

管理大師彼得・杜拉克（Peter Drucker）曾說：「違背
我們認定自然法則的事情，都會被視為不穩定、不健康或明
顯異常，因而遭到否定和拒絕。」[1]所以改變都會有阻力，
即使是面對確定而徹底的破壞，阻力一直都在。

各位心裡一定要有個底，預先做好準備、訂定計畫來
應變。請一定要記住，只要採取行動，就必定會產生摩擦和
阻力。在斯倫貝謝公司，決定採用Scrum方法而產生的改變
就讓一些人難以適應。

阿貝卡西的改革計畫是，先讓那些願意改變的人採用
新方法。等到大家看到新方法帶來的威力和真正改變的機
會，自然會全力投入。

　　所以，Scrum最早是在斯倫貝謝內部幾個單位開始進行，等到改變成功以後，效應自然擴散開來。最後，就連艾瑞克的領導階層團隊也一起參與規劃會議。但是，那時候大家還是有一種不確定感：不太確定這種新方式如何運作。

　　但這時候的狀況就像是「觸底」，阿貝卡西說：「從那個時候開始，狀況整個觸底反彈，大家會說：『好吧，我們也來試試看！』於是行動力就此湧現，進而提升團隊的生產力。而且最重要的是，我們整個組織變成專注執行一項任務的大團隊，真是太神奇了！」

　　各位開始實施Scrum的時候也請留意，必定會產生阻力，會有一些力量唱反調。這件事你可能完全無法控制，例如客戶改變主意、競爭對手採取不一樣的動作，或是新技術突然冒出來。但挑戰也有可能來自公司內部，包括員工、生產製造上的狀況，或是預算規模，都可能出問題。

　　我合作過的一家信用卡公司就出現這種狀況。幾個Scrum團隊做出成績之後，別的部門反而過來挖牆角，把最好的人才挖去幫他們做事。各位可以想像一下，這對團隊和公司的士氣有多麼大的打擊。所以，要想出一種可以保護Scrum團隊的辦法，以免受到「組織抗體」的攻擊和排斥。

　　現在最常見的做法是採取雙線並進的營運系統，一方

面明確推動敏捷團隊，另一方面仍保留傳統層級。關鍵是要在兩套系統之間建立清楚的介面窗口。

　　再舉一個個例子。馬肯依瑪士公司（Markem Imaje）生產商品識別標示設備，從化妝品、糖果到乳製品等都是他們的業務範圍。他們主要的產品線是商業印字機，而且是印製速度很快的商業印字機，可以在食品包裝上標示製作日期或有效期限。這家公司已經延續上百年，但最近幾十年每次新機上市，都要設置客服中心，並且找專家組成「老虎小組」（tiger team），才能迅速解決客戶投訴的新機缺陷或各種疑難雜症。這個問題讓他們十分頭痛，即使整家公司累得人仰馬翻，客戶還是暴怒跳腳。而且公司的獲利也因此受損，畢竟新產品上市後有那麼多問題，顧客購買下一款新機的意願自然跟著降低。

　　幾年前，馬肯依瑪士組成一支團隊打造下一代印字機，從軟體設計、機電布置、化學研究到生產製造、品質管理、市場行銷和銷售業務，都特別成立事業單位負責。當時，克里斯・蘇利文（Chris Sullivan）找上我們Scrum公司合作，以幫助軟體團隊轉換新的工作方式。他希望工作速度加快的同時品質也能大幅提升。他認為至少軟體團隊會接受Scrum的新方法，而他的猜想沒錯，軟體團隊的確成功了，

但其他團隊不願意採用Scrum。

他們不了解Scrum會帶來什麼好處，也看不出有什麼理由要改變一直以來的工作方式。克里斯說：「沒關係，但有件事情請大家一定要配合：我每天要跟小組的代表開15分鐘的會，這個代表必須是能做決定進行改變的團隊領導者，而且只要15分鐘就好。我要開每日擴大立會，大家才能一起協調工作。」他告訴我，事情一開始非常不順利，大家都不願公開自己碰到的問題，但這個新做法很快就出現效果：他們可以更快速的溝通，大幅降低做決策需要的時間，原本要拖上好幾個月才會浮現的問題，現在只要幾個小時就能解決。比方說，機電人員也許隨口提到噴嘴因為某個設計的原因必須稍微調整形狀，化工人員可能就會想到：「感謝老天，你現在通知我，我就可以先調整油墨的的黏稠度。」

等到發表新機器的時候，馬肯依瑪士全體上下都超級緊張。管理階層悲觀的想：「慘事又要再來一次！」所以大家忙著成立老虎小組，又開好專屬客訴專線，接著等待，結果電話一次都沒響。一直到好幾個月以後，電話終於響起來，是一位非常滿意產品的顧客想要一項小小的改進功能。

這是他們百年以來首度達到零缺陷的新機發表！製造部門的負責人後來跟克里斯說：「我剛開始的時候很不情願

配合，但是Scrum團隊的每日立會就是我們推出史上最佳產品的關鍵！」

應對變化

我還要再透露一點斯倫貝謝Scrum團隊的資訊。他們負責轉換北美區150個舊系統的所有資料，目標是每個站點的舊系統轉換率都能達到70%。過去最高的轉換率只有17%，所以各位可以想像，一旦成功，管理階層會有多高興。

剛開始採用Scrum時，他們碰上的問題和很多團隊一樣，因此非常苦惱。他們的團隊成員四散各地，分別在美國德州、法國和印度，但是接觸到各領域專家（subject matter expert）的時間很有限，一位領域專家同時大概只能跟四個Scrum團隊一起工作。而且那時候人手根本就不足，狀況非常嚴峻。

Scrum公司的教練兼培訓師阿麗珊德拉・尤里雅特（Alexandra Uriarte）跟斯倫貝謝的Scrum團隊合作幾個月後告訴我，真正的關鍵在於，團隊完全投入，以及團隊要有全職的Scrum大師和產品負責人。這支團隊的產品負責人華特

（Walter）則說，經過阿麗的培訓之後，大家下定決心：「我們都希望將培訓中學到的東西學以致用，也都知道過去那套方法行不通。」

　　他們使盡全力，從一週一個衝刺開始。讓他們驚訝的是，回饋循環變得更緊密之後帶來巨大影響。短短七次衝刺之後，他們的速度就加快了一倍。他們發現到，只要把工作分解成可以在短時間完成的小任務，整個團隊就能發揮群集效應，集中目標一起努力找出問題，迅速解決。

　　阿麗每兩週會確認一次他們的團隊士氣，Scrum大師在檢視環節會確認團隊成員的幸福指標。阿麗說，最有趣的是，他們發現士氣不但可以預測完成的工作量，也能預測品質。團隊士氣的高低起伏或是痛苦是否增加，都會反映在幸福指標上：指標下降，工作量和品質都會受到影響；指標回彈後，工作速度和績效也跟著回升。

　　他們還決定調整座位，盡可能讓團隊成員聚在一起。雖然不可能所有團隊都如願，但德州團隊還是想試一試，至少部分成員可以坐在一起。德州團隊的成員雖然都在同一棟大樓上班，但在組成Scrum團隊之前都是分開坐在公司指定的隔間。華特鼓勵他們找一個大房間，大家就可以坐在一起工作。毫不意外的，這也加快了他們的團隊速度。

　　此外，他們也著手處理過度投入的老問題。他們之前常常在衝刺期間塞進太多工作，結果無法完成清單上所有任務。為了解決這個問題，他們採用我在第八章中談到的昨日天氣模式：只著重在前一段衝刺實際完成的工作量。這樣的改變讓他們確實變得更快。他們不再過度投入，反而可以拿出更多成果。

　　沒有比成功更好的宣傳。阿麗說，這個團隊的規模變得更大，但成員之間的團隊精神（teaminess），如信任、友誼和戰友情誼也迅速成長。過去從沒準時完成工作的團隊現在可以提前一週達成目標。以往只有17％的轉換率，現在提升到93％。所以他們決定幫助北美區外兩個國家的轉換率加倍，而且是利用空閒時間完成這件事！團隊現在能夠執行的工作，對幾個月之前的他們來說，簡直是在作夢一樣。總之，只花了大約五個月他們就脫胎換骨，達到前所未有的絕佳狀態。

　　我要再次強調，有些事情行不通，不是因為「人」不對，而是「過程」不對。團隊成員的能力其實都在，只是你需要把他們的能力釋放出來。而且，光是排除障礙就可以引導大家發揮實力。

把Scrum規模化

　　Scrum團隊會自行組織和分配工作，團隊的網絡也能辦到同樣的事。我在第三章說過，透過網絡架構讓邊緣的站點來做決策，那麼擴大規模時，就能得心應手。個別站點出問題也沒什麼大不了的，因為整套系統會跟著環境變化自我修復、成長、產生回應以及改變。

　　關鍵是整個網絡系統的各個部分之間，是否已經有穩定的介面。請各位回想一下紳寶公司的獅鷲E型戰鬥機團隊。他們在飛機各部分之間的連接口加上穩定但可以修改的介面，就像樂高積木一樣。如此一來，他們可以抽換部分零組件，也完全不會影響飛機的其餘部分。紳寶團隊的組織結構也和他們的飛機類似，由一個團隊或幾個團隊組成的一個大團隊負責一塊模組，雷達組在這裡、引擎組在那裡，以及遠方的機身組。就像飛機的零組件都有穩定的接口一樣，團隊結構也是如此，完全符合康威定律。就像我們希望產品組合之間可以保留彈性，也希望組織各個節點之間也同樣保留彈性。在各個層級之間傳遞各種報告、解析文件和更新資料，都只是浪費；那些管理措施都是浪費，千真萬確。在理

想的世界只有會創造價值的團隊，根本不必管理。不過，這是現實世界，我們確實需要一些結構，就像我在第六章所說，最低限度的官僚組織就夠了。

透過那些穩定的介面，我們可以建構複雜的適應系統，它會在成長的同時一邊學習一邊改變。經由迅速檢討與適應循環，「對的」組織就會逐漸形成。但是請記住，不同的企業會形成不同的組織形態，因為大家做的事不一樣。

比方說，斯倫貝謝的目標非常簡單：降低成本、迅速交貨。我之前提過的隱形火箭公司，他們的目標就是趕快進入太空。如果是新創企業，資金很重要，但更重要的是，實際拿出成果從投資人手中取得更多資金。所以他們都要專注創新、維持敏捷。

在電腦輔助設計系統市場中，市占率高達85％的Autodesk公司也想要變得更加敏捷。他們希望走向浮現式設計（emergent design）和適應性過程（adaptable processes），原因有兩項。首先，Autodesk也希望跟Google或紳寶一樣，成為大家都想去工作的夢幻公司。幾年前，他們的敏捷管理負責人就曾經對我說：「你知道嗎？威脅我們生存的人不是同行的競爭對手，而是那四個在車庫裡工作不肯接受招募的高手。」所以，他們希望先讓Autodesk變成一家超酷

的公司。第二個原因是Autodesk想改變公司經營模式。過去多年來，他們跟其他軟體公司一樣，靠著廠商預付的產品預付版權金獲利。但是，他們在2014年開始真正加速採用Scrum時，公司年報第40頁稍稍透露了一些新想法：

> Autodesk的營運模式正在進化……隨著時代推移，我們的經營模式將轉為以擴大客群為目標，產品版權預付金費用會降低，客戶使用產品時也能有更多彈性。然而，即使傳統的永久版權預付金帶來的營收將縮減，但我們希望成本也會相對降低。我們希望營業模式的轉變在未來可以提升每位訂戶的每一年帶來的價值，並擴大訂閱人數，以促進長期營收的成長。

　　他們的意思是，要從過去靠版權賺錢，轉向利用訂閱獲利。這種做法的流行術語叫做SAAS，代表「軟體即服務」（Software As A Service），也就是要跟客戶建立「更黏著」的關係。Autodesk開始轉變以後，公司也開始虧損，賠掉很多錢，但是他們還是咬牙堅持下去。到了2016年，投資人開始聚集，他們覺得這是個很棒的點子。在接下來的兩

年內，Autodesk的股價飆漲121％，股價營收比從2013年的
3.5上升到2018年的13。

漲幅之大遠遠超過競爭對手，但其實那時候公司還在
賠錢。然而投資網站「The Motley Fool」在2018年5月指
出，投資人可不傻，他們都看到市場主導者改變商業模式的
威力：2

　　終於，Autodesk的產品，也就是軟體程式，變得更
　　容易提供給用戶，透過雲端服務，終端用戶與公司
　　之間的回饋循環也大幅縮短。這表示公司可以節省
　　成本，而且更容易也更精準的滿足客戶需求。

這就是麥克・韓默（Michael Hammer）和麗莎・赫許曼
（Lisa Hershman）的書名所說的：更快更好更有價值！

這些公司現在都在使用Scrum，但是他們想要達到的目
的各不相同，這表示他們的組織結構也會不一樣。沒有任何
一套結構可以適用全部的組織，而是必須協助組織找到最好
的方法。當然，這不是隨便亂來，必須要有一個起點，但你
沒辦法預先準備得妥妥當當。要做的事只有設定初始條件，
然後反覆檢討和調整。組織跟產品一樣，都需要快速進化。

文藝復興的開始

歐洲史上的文藝復興（Renaissance），命名由來出自19世紀法國史學家朱爾·米榭勒（Jules Michelet）的巨著《法國史》（*Histoire de France*）。renaissance是法語中「再生、復活」的意思。這也正是公司需要思考的關鍵：重生成為快速工作、快速學習、快速行動的場所。執行規模化的Scrum，也就是Scrum@Scale，就像個別Scrum團隊一樣，要把工作內容和工作方式區分開來，看起來就像圖5。

斯倫貝謝運用Scrum@Scale，把這套方法拓展到業務所在的所有國家和地區。「我們根據Scrum@Scale的規模化機制，找到一種貫徹的方法，讓我們在總部可以維持適當控管，但個別國家的營運也能徹底自治。」吉姆·布雷迪說：「這讓我們在安置部署時可以加快速度，並且實際提升淨利。」

Scrum 大師循環

圖5左邊是Scrum大師循環，以高層行動團隊為中心；

圖5

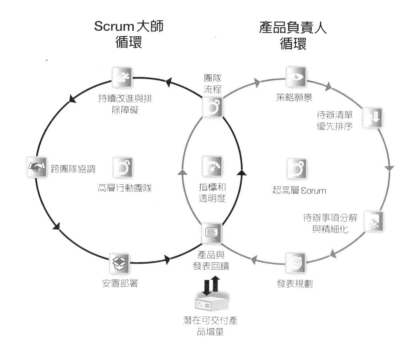

高層行動團隊是我在第六章討論過的領導團隊。Scrum大師
在團隊當中負責自己的團隊和相關協調團隊間的持續改進，
確定相互依賴關係，想辦法一起把產品做出來，推向市場。
Scrum大師必須讓大家看見一切，不管是成功或失敗的狀
況，整個組織才能藉此學習與適應。

貝恩策略顧問公司的顧問安妮・霍華德（Annie Howard）對 Scrum 公司在博世（Bosch）推動 Scrum 的故事很感興趣，所以她認真研究並且搞清楚到底發生了什麼事。博世從洗碗機、汽車安全系統、農業用感測器到電動工具，幾乎什麼都做。員工人數有數十萬人，規模非常大，也是一家歷史悠久的老公司，創立於 1886 年。但是後來他們發現，行之有年的老方法在 21 世紀不會奏效。物聯網問世後，他們開始了解到自己做的每件東西以後也都要連上網路。為了跟上時代趨勢，他們需要 Scrum。博世的執行長福克瑪・丹納（Volkmar Denner）在 2017 年曾說：「敏捷對博世非常重要，它讓我們能夠回應周遭不斷加速的變化，敏捷讓我們能夠保持創新領導者的地位。」

丹納和他的團隊決定做我剛剛說到的事情：創造出一套雙系統的組織。在所有必須進行創新的方面，他們全部採用 Scrum，其他地方則維持不變。不過他們很快了解到，想要獲得預期的結果，成為真正的文藝復興企業，Scrum 必須推展到組織的每個部門。丹納和董事會於是決定全面採用敏捷法。他們畫出一套專案計畫，全部都用甘特圖去畫，想用瀑布式的工具實現 Scrum，然後又因為無法獲得想要的結果而大感驚訝。

他們決定徹底改變自己，也改變博世指導委員會的營運方式。丹納帶著董事會親自成立Scrum團隊，並且指派產品負責人和Scrum大師，準備發揮跨部門的功能，透過每段衝刺進行改變。他們也決定做一份整家公司共用的優先事項待辦清單，使用者可是有40萬名員工！

現在每當部屬做簡報時，指導委員會不再只是坐在長長的紅木桌子旁，而是大家都站著走來走去，把工作狀況和進度全部貼在牆上，所有人一目了然。他們發現過去那套年度計畫和資金提撥等，把他們鎖死在一年前以為不錯的優先事項清單裡動彈不得，所以他們需要加快改變的腳步。他們改用週期循環的方式規劃和撥款的做法，如此一來，改變心意時產生的成本就減少了。

等到障礙和問題開始向上浮現到高層行動團隊的層級，他們才開始了解到：他們過去以為那些問題都只是業務的一小部分、只存在個別部門，但其實那些問題會影響整個組織。現在他們第一次看清楚整個系統，不再只是關注局部。

他們編列一份公司的營運原則，並且公告周知整個組織，標題是「我們領導博世」。其中有些原則是老生常談，例如「信守價值觀」、「追求卓越」等，都是企業高層最愛

的「精神糧食」。不過其他有些原則倒是滿有趣：

- 「我們創造自治，排除任何障礙。」
- 「我們確定優先順序、簡化流程、快速決策、嚴格執行。」
- 「我們要從錯誤中學習，這是創新文化的一部分。」
- 「我們跨越職能、部門與階層進行協調運作，始終專注於結果。」
- 「我們給予回饋也尋求回饋，以信任、尊重和同理心來進行領導。」

　　結果如何呢？博世為各部門聘請的 Scrum 團隊，可是曾經跟電動汽車公司特斯拉（Tesla）合作的團隊。特斯拉是進步迅速的大企業，對於合作夥伴的要求一向很高。採用 Scrum 後，博世把開發時間砍半，進行基礎調整，提升安全系統，獲得跟特斯拉一樣的管理成果。農業部門中，幾個團隊一起研究連結感測器以改善蘆筍與其他許多作物的生長，在四周內完成十項創新成果，但過去他們費時六到八個月才能做出一套創新產品。家庭與園藝部門也都已經完全敏

捷化，這些部門的員工主要負責製造電動工具等產品。這些團隊成員從設計師到行銷人員都能全力施展，把產品推進市場。

在大企業的指揮鏈頂端組成高層行動團隊，才能夠推動整個公司的重大改革。這當然不容易，但結果可是非常驚人。

高層行動團隊

斯倫貝謝公司組成高層行動團隊時，第一個障礙是座位要怎麼安排。

各位可以想像一下，要在公司大樓的現有組織結構和樓層規劃下，重新安排1000多人的座位，這是多麼複雜的大工程！真的很不容易又花時間。但高層行動團隊決定不放鬆，不能因此放慢腳步。

「我們說，先按照原先的座位規劃，以後再來解決這個問題。」布雷迪說：「但這其實就是Scrum的做法，兵貴神速！」快速移動、追蹤障礙，但繼續前進。

他們碰到的另一個障礙是大家都不願發表意見，但高

層決定打破這個模式。他們底下的人很不習慣發表看法，因為他們過去不是這樣工作，而且原本要由中階或基層員工處理的問題都會上報到高層行動團隊。所以高層把這些事情推回基層，表明產品負責人就可以做決定。於是他們讓基層站點負起責任，自己則是專注在縮短決策延宕的狀況，叫大家不要傻等：動手做就是啦！

產品負責人循環

圖5的另外一邊是決定要做什麼事情的組織結構。應該建立、交付、提供、研究哪些事呢？要怎麼確定正在建立的東西確實是我們真正想要的東西呢？要怎麼確認團隊所做的工作與策略願景有關呢？這些是產品負責人必須回答的問題。

我們有個客戶專做家庭自動化系統，例如冷暖氣機可以跟門鈴連動，門鈴和保全系統連動，保全系統也會跟室內照明連動等。所以從整體上來說，他們對整組產品要有一套完整的構想。但是，這麼一件大工程，要怎麼分解成一小塊，讓單一團隊能在一、兩週內完成工作呢？

　　所以我們說：「以門鈴為例，我們有幾個團隊在做這項產品，其中一個團隊負責攝影鏡頭；團隊裡可能有個光學專家，但別的團隊沒有。所以這個團隊要做的第一件事是什麼？他們在第一段衝刺中可以完成並創造價值的最小工作是什麼？」

　　攝影鏡頭團隊認為第一件事就是先搞定要使用哪一種攝影鏡頭。接著，跟門鈴有關的一堆問題也會定下來：會有多少光線通過、整個外殼有多大等。所以他們開始發想，這種攝影鏡頭需要什麼條件：尺寸大小、影像畫質、價格、耐用性、耐磨耐刮等。他們在衝刺檢視中決定辦個比賽，找來各種不同材質鏡頭，例如玻璃、水晶和塑膠鏡片，連接到便宜的電腦視訊攝影機，讓各方關係人可以真正看出差異，了解各種利弊得失，才能做出聰明的判斷。這時候的產品負責人團隊就要先有一幅願景，把它變成可以完成的事情，在逐漸深入了解狀況之際隨時調整待辦事項的優先順序，才能順利做出產品推向市場。他們也要跟利益關係人與其他產品負責人見面商談，確保大家協同一致而不是互相衝突。

　　斯倫貝謝則說，不只是組織高層保持協同，各個層級也都要步調一致，強調團隊合作的重要性。「這是絕對必要的！」布雷迪說，如果沒有高層行動團隊和高階主管組成的

產品負責人團隊，這一切可能不會這麼順利，斯倫貝謝的Scrum也許就不會這麼成功。

可能的藝術

當組織實現Scrum、創造出各種可能，讓組織自行調整，更快速的發展、提升品質、迅速回應瞬息萬變的世界，也就徹底改變組織的發展軌跡。斯倫貝謝的資訊團隊就辦到了，艾瑞克・阿貝卡西有資料數據證明這一點：「我們做到了，用一半的時間做兩倍的事，甚至做得更好。」

「我的想法和我的任務，」艾瑞克強調：「是推廣『幾個團隊整合成一個團隊』的概念，Scrum原則能支持這個想法，成為推動業務發展的工具。這就是我的願景、我的志向，也是我努力的方向。」

重點摘要

文藝復興前必定會有一場苦戰。改變一定會有阻力。所以你要先有一套計畫，找出方法來保護 Scrum 團隊，以免遭到「組織抗體」的攻擊侵擾。

運用 Scrum 擴大 Scrum。就像 Scrum 團隊會自行組織、分配工作一樣，幾個團隊一起組成的網絡也能做同樣的事情。要把決策推送到邊緣的站點，才能穩健擴張 Scrum。如此一來，個別站點要是出問題，影響也不會太大。而整個系統會隨著環境改變進行自我修復、成長、回應與變化。

Scrum@Scale 能創造穩定介面。就像我們希望產品組合之間可以保留彈性一樣，我們希望組織站點之間也是如此有彈性。透過這些穩定的介面，我們可以創造出複雜的適應系統，它在成長的同時也可以一邊學習、一邊改變。在反覆進行檢討與調適的過程中，「正確」的組織就會出現。

整備清單

- 你會提報什麼障礙給組織的高層行動團隊？如果你屬於高層行動團隊，會怎麼排除那些障礙？為什麼你現在無法這樣處理？

- 你的組織的管理階層對於產品或服務是否具備令人信服的清晰願景？他們的想法正確嗎？是否能夠有效傳播並且吸引大家的支持？你希望它怎麼傳播出去讓大家都能接受？

- 你願意改變嗎？願意採用 Scrum 嗎？組織的其他人也願意採用 Scrum 嗎？你要怎麼防止「組織抗體」抗拒採用 Scrum？

- 如果你的工作場所可以重新設計為幾個團隊組成的網絡，那會是什麼樣子？

第 **10** 章

更多選擇的世界

　　19世紀時，只要發生傳染病，人們都說那是「瘴氣」
（miasma）所致。基本上，當時的人認為腐爛發臭的東西會
釋放不好的瘴氣，這些壞東西隨著空氣四處散播，讓人生
病，而且多半是發生在夜晚。

　　這種流傳十幾個世紀的疾病傳播理論，可以追溯到羅
馬時代。其實不只是歐洲，印度和中國對於疾病傳染和散播
的原因都有類似說法。問題是，第一步就搞錯疾病傳播的媒
介，之後的防疫工作當然也就跟著出錯。

　　1840年代的倫敦，是日不落的大英帝國首都，是政
府、金融和帝國的中心。隨著工業革命的到來，愈來愈多人
口湧入倫敦擁擠的街道，跟隨而來的就是各種疾病。那個年
代的下水道系統往往規劃不良，經常泛濫成災。人們在住宅
區到處挖糞坑，一旦下雨，那些排泄物就溢流到街道上，偏
偏倫敦的雨水又特別多。

　　在人口密集的地方，最讓人害怕的疾病之一就是霍
亂，霍亂會帶來成千成萬人死亡。倫敦在1841年、1849年
和1854年都曾經爆發嚴重的疫情，當時公共衛生領域的權
威泰斗威廉・法爾（William Farr）醫生堅信，這種病是泰
晤士河骯髒河岸的髒空氣傳播到人們的住家才讓大家生病。
他仔細研判傳染擴散的情況後得出結論，海拔高度與霍亂疫

情呈反比關係：住在山坡地上的人比較不會感染霍亂。這顯然就是瘴氣作祟，是髒空氣傳染人們致病！

另一位約翰・史諾（John Snow）博士提出不同的看法，但沒多少人聽過他的理論，更別說要接受他的看法。史諾是個厲害的人物，他是最早運用麻醉藥的醫學領袖之一，也是最早在婦女生產時使用麻醉技術的人，他曾經在維多利亞女王生產第八個也是最後一個小孩李歐伯（Leopold）時使用麻醉藥。

史諾現在被公認是現代流行病學之父。當時他懷疑霍亂不是瘴氣所引起，而是倫敦市民喝的水裡有髒東西。1849年，倫敦爆發嚴重的霍亂疫情，奪走15,000多條人命，他寫了一篇文章指名水才是造成疾病的罪魁禍首，但醫學權威和公眾完全無視他的說法。

1854年霍亂疫情再起，他迅速採取行動，在1855年再次發文疾呼：「幾個星期以來在布羅德大街、黃金廣場和鄰近街道爆發的霍亂，可能是我國有史以來最嚴重的疫情。劍橋街連接布羅德大街附近約250碼範圍內，霍亂在10天之內就造成500多人死亡。在這個區域內的霍亂致死率堪比我國的任何疫病，甚至跟鼠疫一樣嚴重。然而霍亂更是兇險，因為有更多病人是在染病幾個小時之內就喪命。」[1]

染病幾個小時就沒命，簡直跟黑死病一樣恐怖。

當時的布羅德大街（Broad Street），現在叫布羅德威克街（Broadwick Street），街上有一口水井使用的人很多。史諾懷疑就是那個水井有問題，才造成那個區域的重大疫情。他去住民登記處取得死者名單，並根據名單上的居民地址做出圖6這張地圖：

圖中的黑色小方塊代表登記在那個地址的居民死亡人數。然後，他開始詢問住那裡的人都到哪裡取水。他發現病死的人幾乎都是住在布羅德大街那座水井附近，只有少數死者是住在另一座水井附近。而且布羅德大街那座水井確實很多人愛用。

那口井的水被附近商家拿來調合烈酒，還有餐館和咖啡店也都會使用。附近一家咖啡店是許多工人常會光顧的店家，這家店在晚餐時間也會供應井水，老闆娘跟我說（9月6日），她知道有九位客人已經死亡。此外，很多小商店也會賣那裡的井水，他們在水裡加幾匙發泡粉做成人工調味的果汁水（sherbet）出售；除此此外可能還有一些我不知道的井水使用方式。

圖6

重要地標

A	黃金廣場	E	攝政廣場
B	漢諾瓦廣場	F	蘇活廣場
C	皮卡迪利攝政圓環	G	華鐸住宅區
D	波特蘭住宅區	H	救濟院
	● 水井		

除了布羅德大街附近之外，其他地方也有一些零星病例。有一位老太太住在西區卻死於霍亂，她的侄女也死了。但是那附近沒有其他霍亂病例，而且這位老太太幾個月以來都沒去過布羅德大街。不過她的兒子後來想起，說她很喜歡布羅德大街的井水，每天都會花錢僱車請人運送一大瓶水給她。

> 她喝下的井水是在 8 月 31 日（週四）當天汲取，那天晚上和週五她都喝了水。結果隔天晚上就發病，週六死亡⋯⋯那段時間她侄女過來也喝了水，後來她回到伊斯靈頓（Islington）的住所，那地方地勢較高，衛生狀況也很好，但她也病發身亡。可是那時候整個西區和侄女住家附近的鄰里都沒有出現霍亂病例。

史諾向地方官報告他的發現，官方就把布羅德大街那口井的汲水把手拆掉，結果死亡人數馬上降低。經過進一步查證發現，那口井的三英尺外就是個糞坑，髒水早就滲入井水中。至於帶來重大傷亡的元兇呢？據說是在別地染上霍亂的嬰兒，但有人在這裡洗了他的尿布。

　　這可是開創現代流行病學的偉大成就！觀察證據與模式，透過推論證明是細菌致病。從此以後，倫敦對於穢物處理與飲水衛生必定更加謹慎小心是吧？

　　錯！後來倫敦又照樣爆發霍亂。畢竟要是承認約翰‧史諾的說法才對，就表示官方醫療機構這麼多年以來為保護公眾所做的一切努力全是白費。所以他們堅持自己才對，史諾那套說法不對。等到疫情消退，那口水井的把手又被裝回去。一直到1866年，約翰‧史諾已經去世8年，法爾醫生才承認史諾的說法才正確。

　　每當出現新的思考方式導致老辦法被取代時，常常會發生這種狀況。時至今日，細菌致病的理論不但早就經過驗證並且被大眾接受。我們現在都知道，很多微生物會引發疾病，用顯微鏡就可以觀察研究，也能培養繁殖，利用它們為人體接種防疫。我們知道這些都是真實。

　　本書一開始曾談到現代化學之父拉瓦節的故事，他說的那些事情過去根本沒人了解，但卻因此改變了整個世界。新技術讓我們深入理解物質的組成方式，查看整個結構系統。這是觀點的徹底改變：過去的世界是以某種方式在運作，但現在開始是另一種運作方式。世界不會再回到過去那個鍊金術的時代。是的，多年來一直有爭議與辯論，甚至還

有相信鍊金術的人寫黑函或寫信恐嚇別人，但是有效的系統最後終於勝出。我們現在認為理所當然的事，其實在不久之前才經歷過激烈戰鬥。

更好的工作方法

跟約翰・史諾一樣，我也不會說採用 Scrum 就可以得到所有答案，甚至也不敢說能知道所有問題，但我認為我們已經有足夠的證據來重新塑造人們觀看事物的方法。我們已經有夠多的模式可以藉此推論出一套普遍的架構。

Scrum 的開發與發展跟許多新發現一樣。首先是出現一些個別的成功案例，有些實務做法在某個領域發揮作用，別的領域也有另一些方法有效。多年來我們不斷學習和研究，發現更多有用的新方法、新模式。最後這些新做法都可以歸納到稱為 Scrum 的簡單架構之中。

採用新方法當然都會產生阻力。很多人還是堅持採用過去的甘特圖，或是編一大套專案計畫、提列繁雜的作業要求。儘管面對事實與證據，他們還是相信過去那一套。所以我才要舉出那麼多實例，讓大家見識 Scrum 在各個領域都能

發揮效用，從事各式各樣的工作。它真的就是一種更好的工作方法！

更美好的世界

我剛開始寫這本書的時候，正為世界日益加劇的兩極分化感到震驚。一些拖延多年的社會和政治鬥爭造成眾多傷亡，不管是面對你的鄰居還是遠方的任何人，大家互相指責，彼此之間毫無信任感，整個世界似乎變得更加黑暗。我們的雄心壯志似乎日漸軟弱怯懦，只會為那些芝麻綠豆的小事爭執不下，卻不願同心協力一起解決重大問題。

現在我不想再忍氣吞聲、只是毫無作為的等待，我認為我們要做的工作，就是幫助大家充分發揮潛力，幫助組織完成實際的工作，把過去慘遭壓抑的潛力全部釋放出來，至少能讓這個世界朝向好的方向前進。

各位可能不知道，丹麥應該是全世界地勢最平坦的國家。但它也是樂高積木、全球最大貨櫃運輸公司快桅運輸（Maersk）和生產嘉士伯啤酒的嘉士伯集團（Carlsberg）的故鄉。他們現在都採用Scrum，這套方法在丹麥已經是主

流，幾乎是大家公認的運作方法，尤其是在科技產業。卡斯登・傑柯布森（Carsten Jakobsen）就說：「這就是我的本能直覺，在軟體業更不用說，這就是我們的工作方式。」

卡斯登2006年在Systematic公司進行的Scrum轉型，可能是丹麥業界的第一次嘗試。Systematic公司專做醫療保健、國防、情報調查與國安方面的軟體系統，這些領域一旦出問題往往是攸關生死的大事。那時候卡斯登正在進行四個前導專案的實驗，採用漸進疊代方法，後來有人就跟他說這個就是Scrum的做法。所以他打電話到Scrum公司，找我們去做培訓。接著，他們的速度馬上加快一倍，瑕疵頓時減少41％。不只客戶快樂，團隊更快樂！

「這是我第一次看到所有的指標都向上提升。」卡斯登說：「以前我們做的嘗試，通常只能改善其中一個部分，不會全部都進步。」

接下來幾年內，Scrum擴展到Systematic公司各個部門，最後到達領導階層。卡斯登說，執行長一向依賴資料數據，他看到團隊的進步之後，也在領導階層實施Scrum，叫大家都要來開每日立會。

在那之後，卡斯登創立格羅比昂公司（Grow Beyond），也在奧爾堡大學（Aalborg University）兼任講

師。他告訴我，他很確定丹麥的每一所大學現在都會教
Scrum。卡斯登也在各產業跟一些更知名、更老牌的公司合
作，例如製造業、金融業和保險業者。他說，就算是傳統產
業的管理階層也要趕上時代，原因很簡單：公司都已經意識
到，為了跟上變化的腳步，自己也一定要改變。「不改變，
就等死！」他表示：「這樣改變公司，你才能活下來。如果
不變，就完蛋了！」

　　我一遍又一遍的聽到企業高層說這些話。因為市場的
變化非常快，每家公司都要像科技產業一樣開始思考，也都
要做出改變，不然就會被更敏捷的競爭對手超越，而後遭到
淘汰。

　　去年夏天，我們的合作夥伴KDDI集團邀我去日本，看
看他們怎麼在工作中運用Scrum。KDDI是日本大型電信公
司，他們認為Scrum才是徹底改變日本經濟發展軌跡的方
法。

　　KDDI最早創立於1953年，原本是國營獨占事業，日本
和美國間第一次電視直播就是由這家公司促成；最早透過
美國與亞洲間數千英里的太平洋電纜提供服務的公司也是
KDDI。他們當然很早就跟通信衛星業者Intelsat簽約合作。
日本的通信市場開放後，他們隨即跳進行動電話和寬頻等所

有通信服務。這是一家規模非常大的公司，也一直以主導科技發展為己任。

KDDI在2016年把Scrum公司帶進日本，開始學習運用Scrum。隨著物聯網和5G通訊技術的發展，他們知道必須迅速為客戶開發服務與設備。但是，他們之所以把我們請來日本，也是希望為全國產業界導入Scrum。

最近這幾十年來，日本一直陷在經濟困境之中。不只經濟成長非常緩慢，甚至完全沒有成長，國外的競爭對手不只在價格上，就連在創新上也打趴他們。日本的文化也跟我過去所習慣的文化完全不同，最聰明的大學畢業生不會去做工程師，而是想要進入管理職。他們都認為要是能進入令人垂涎的大企業或政府機構當公務員，這輩子就不愁吃穿，因為不會有人遭到解僱。但是這些工作都不是要創造新事物或促進更多創新，只是在管理那些實際工作的人。日本的技術工作大部分都外包給代工廠或系統整合業者，因此技術產業逐漸喪失實際上製作任何東西的能力。

藤井彰人（Fujii Akihito）是帶我們進來的人，他的行事作風跟日本大多數高階主管都不一樣。他以前曾在昇陽電腦（Sun Microsystems）的日本分部和Google工作，都是直接向美國總部匯報工作。他一身矽谷精神，熱愛開放與創

新，而且關注的不只是自己和眼前，他看的是更大、更遼闊的遠景：不只是一家公司，而是整個國家的觀念都需要改變。因此他展開行動，致力幫助全日本。

「這種工作方式發揮難以置信的強大競爭力，運用創造性破壞，唯一重點就是成功。J.J.，這方法對我真是有用。」他對我說：「但是別人怎麼辦呢？不能只是我成功而已，我們要怎麼幫助他們呢？」

所以我們一起到日本各地參觀，與眾多日本企業高層進行會談。所有人的感覺和對話都一樣：日本已經陷入困境。為了拯救全日本，我們必須先改變商業文化。而 Scrum 被大家視為改變大工程的一部分。KDDI 集團設立人才培育機構「KDDI 數位門」（KDDI Digital Gate）來訓練工程師、供應商和客戶一起做 Scrum，實際運用疊代方法做產品，實際成果極為豐碩。

這次旅行帶給我的最大感受就是「希望」。我們一起努力，就能夠運用 Scrum 幫助日本企業，排除長久以來眾人的無力感。

愛是愈給愈多

　　現今社會中所有的事好像都變成交易關係：你幫我做這個，我就要為你做那個。這就表示，不管什麼東西的供給都有限度，所有的交易互動都要加起來計算是否公不公平。不過，生活和選擇都被當作經濟交易，也是非常符合人性的方法。我有兩個小女兒，所以相信我，我很清楚維持公平的重要性。

　　但是，在某些事情上，思考公不公平好像就不太合適。我們如果發願做善事也有供給上的限制嗎？仁慈和善良也有限度？當我覺得快樂，就會讓你的快樂減少嗎？

　　已故的經濟學家亞伯特・赫希曼（Albert O. Hirschman）對此也感到困惑，他說如果公益愛心也是稀少匱乏的資源，有一天可能會消耗殆盡，那就要一毛不拔當個吝嗇鬼才對。但他寫道：

　　　　首先，這些資源的供給，很可能是愈用愈多，而不是愈來愈少；第二，這些資源要是不用也不會維持原狀不變，就跟說外語或彈鋼琴的能力一

樣，道德資源如果不多多使用，很可能也會自行
枯竭萎縮。[2]

　　這是不用會萎縮、愈用就愈多的資源。要是我們把幫
助他人當作交易，資源只會愈用愈少；但是當我們互相支
持、彼此援助，資源則是愈用愈多。所以，就按著你的意
思，盡量去做好事吧！

　　我們現在生活的社會中，大家都像是孤立的原子。過
去由社區提供的服務，像是守望相助、彼此照顧家中老小，
現在都有專屬的機構負責。這樣的照顧也許更完全，但整個
社區卻變得更加冷淡和薄弱。我們甚至都以為自己就是單獨
一人過日子，導致我們變成軟弱無能的個體。其實，人與人
之間的相互聯繫，尤其是真正的聯繫非常重要，甚至有數據
可以證明這一點。

　　我近期最喜歡的一項新研究叫做「社交狀況與得到
感冒的關係」（Social Ties and Susceptibility to the Common
Cold）。[3]研究人員找來數百位測試者，評估他們的孤獨程
度後，再進行一個有點殘酷的實驗：讓他們暴露在感冒病毒
當中。研究人員首先根據社交網路指數對測試者評分：

> 人際關係往來的對象包括配偶、父母、岳父母、
> 子女、其他親密的家庭成員、時常往來的鄰居、
> 朋友、同事、同學、志工同伴（例如慈善團體或
> 社區工作人員）、非宗教組織成員（如社會、娛
> 樂或專業人士組織）和宗教團體成員。針對這12
> 大類的關係，受測者如果每兩週曾與這些關係人
> 說過一次話（面對面或電話皆可），即可獲得1分
> （總分為12分）。[4]

　　好，我知道大家也都默默算了一下對吧。我只得到五分，是該努力一點。但各位可知道，與外界的聯繫愈密切，生病感冒的機會反而愈小。聯繫低於三分的人，罹患感冒的機會超過60％；得到四或五分的人，感冒機率超過40％；六分以上的人，則只是稍微超過30％。所以各位要是有六個以上的社交角色，你患病的機率是只有三個社交角色的人的一半。另一項追蹤7000位成年人長達九年的調查研究指出，社交關係最差的人死亡機率是最好的人的兩倍以上。[5]孤獨還真是會要命。

　　為什麼會這樣呢？其實原因有幾個。首先，壓力承受度不一樣。面對壓力大的事情，擁有社交網路的支持就比較

容易應對。不過這種作用其實發揮得相當有趣，真正重要的不是真的有人協助，而是認知上知道有人協助就夠了。是的，就算你不對外求援，認為自己會幫助自己都可以救自己一命。有一項針對50幾位瑞典男性為期七年的追蹤調查發現，欠缺情感支持的人如果經歷許多壓力沉重事件，如離婚、親密愛人死亡、失業等慘事，死亡率要比獲得情感支持的人高出許多。[6]

　　此外，團體也會帶來影響。了解自己在團體中扮演的角色，知道自己在這個世界上所在的位置，都會對我們帶來許多影響。卡內基美隆大學謝爾頓・科恩（Sheldon Cohen）的論〈社會關係與健康〉（Social Relationships and Health）已經被引用超過5000次。他在文中指出，了解自己在群體中扮演的角色與角色規範，正是保持身心健康的關鍵因素：

> 跟大家分享角色概念，知道彼此對不同角色該怎麼行動有何預期，我們的社交互動才有所依循。在滿足角色的預期規範的同時，個人能獲得下列感受：認同、可預測性與穩定性；目的；意義、歸屬、安全與自我價值。[7]

　　擁有能夠提供支持的人際網路，對於彼此該做什麼、某些角色該如何扮演，大家都有知己知彼的共同期待。這其中蘊含的目的、意義、安全和自我價值，Scrum 都可以幫忙建立。它創造出來的這套架構，可以每天提供這些感受給我們。要是缺乏社交聯繫、支持和共同期待，我們就會覺得痛苦，覺得自己渺小又無力。當我們團結在一起就可以推動大山、撼動天柱；勢單力薄時則更顯渺小，連原本能力可及的事情都辦不到。只要我們改變看法，重新認識世界的運作方式，看到過去的老原則不再適用，就可以對自己、對世界做出最大的改變。只要我們願意互助合作，Scrum 就能發揮功效。數學真理不只適用在我們居住的這個世界，在任何一個可能的世界都適用。所以，$1 + 1 = 2$ 比牛頓運動定律或萬有引力定律更基本，而且這兩項定律都能預測明天太陽會照常升起。在某些世界中，宇宙規則可能不同，但數學還是保持不變，依然可以用來描述那個世界。Scrum 這套方法根植於人類的生活方式，不管人們說什麼語言或做什麼工作，它就是能夠釋放人類可能性的基本工具。

　　關於人類，最讓人感到振奮的是，我們對於世界的運轉認知常常會有新發現。我最喜歡這樣的新發現，能以全新的方式來看待世界。

重點摘要

決策的時候到了。大家都能看到,這個世界正在發生改變。這個變化可能讓你不知所措,也可能讓我們解放。過去那些好像無法解決的事情,現在都可以獲得解決。但我不能強迫各位怎麼做,只能告訴各位可以怎麼做。我們都已經擁有那套工具和技巧,也知道該朝向哪條道路前進。未來絕非一成不變,我們不該活在匱乏稀缺之中,應該追求豐裕富足。因為未來的路將是無限的寬廣。

整備清單

- 開始行動！

謝辭

要是沒有爸爸當初追求最棒的工作方式的那股熱情和願景,現在的Scrum、遍布全球數百萬支的Scrum團隊、Scrum公司和這本書都不會存在。所以我要先說:爸爸,謝謝你!

所有偉大的組織都是依靠偉大的團隊才能建立起來,我很榮幸能跟最優秀的人才一起工作。這本書的生命就是來自這些人的支持、努力、慷慨和才華洋溢。Clubhouse是獨角獸的家,這本書反映出大家的辛勤工作、深刻思考、熱情激昂與人性溫暖,各位是史上最棒的團隊!Sales Guild是真正用一半時間做兩倍工作的團隊,一次又一次的達成目標,是你們讓Scrum公司繼續勇猛精進。Webside是扭轉局勢的樞紐,成果業績總是超乎預期,同時還保有優雅和喜悅,真是讓人驚喜!你們是我所知道的最佳Scrum團隊,簡直太厲害了!Markdom,你們說要獨霸世界,我有時都會緊張的懷

疑大家是不是在開玩笑。最後，Voyager，我很幸運成為團隊成員，跟大家一起守護Scrum公司的精神、指引其方向。感謝大家！

感謝我勇敢無畏的經紀人 Howard Yoon 和 Ross Yoon 的團隊，Howard 是第一個說我可以寫一本書的人，讓我勇於挑戰，現在根本無法脫身啦！閱讀本書的各位一定要感謝他，是他讓這本書變得更好。

Currency出版公司的Roger Scholl與團隊對Scrum深信不疑，他們的辛勤努力讓這本書如此出色。我永遠佩服Roger的溫柔體貼，他看了第一章初稿後就告訴我：「都是垃圾，全部重寫！」不過他真的給我非常重要的見解，他告訴我大家已經知道事況到底有多糟，我需要提供一些工具來解決問題。

每次我看到一本書最後的謝辭，好像都會看到大家說寫作是個孤獨的過程。我不知道別人怎麼做，但是跨職能團隊讓我這趟寫書的過程充滿樂趣。@Citizen，在你想出這本書最後一句的時候，我就知道我們做出最棒的事。我只想偷偷提醒你，除了灰色之外還有很多顏色的衣服。@Rick，多年來同甘苦共患難的夥伴，一路走來真是不容易，而且我不管你會怎麼說啦，反正是我對，你欠我100元！@Tom，有

事的時候你不只一次守護在我背後，叫我要自己熬過去。這一次，你也跟過去一樣搞出不少事情，而且你對Elway的說法還是全錯，不過我會原諒你啦。@Veronica，你導正我們的路線，為這本書找回希望。你思慮優雅、機智風趣、眼光銳利，把所有的線索脈絡拉在一起，打出漂亮的結。這本書是由你進行最後的拋光打磨，找出愚蠢的錯誤。而且，好吧我承認那些開心果都是你的主意。

不管怎樣，大家一起吃墨西哥捲餅，我請客！

我還要感謝兩個乖女兒，在我寫這本書的過程中要忍受老爸常常離家不在，等我回家時又尖叫歡呼迎接我。是你們讓這一切的辛勞都值得。

最後，我要感謝國會山莊的AirBnB民宿房東，在寫作這本書的一年中，我可能就是在各位的家裡或地下室度過。你們知道我在說誰吧，五星級民宿！

J.J. 薩瑟蘭

於華府特區

2019年3月24日

注釋

第一章｜面對選擇

1. Antoine-Laurent Lavoisier, *Elements of Chemistry*, trans. Robert Kerr (Edinburgh, 1790; facs. reprint, New York: Dover, 1965), xv–xvi.

2. https://www.standishgroup.com/sample_research_files/CHAOSReport2015-Final.pdf.

第三章｜加速決策

1. Christopher Langton, in Roger Lewin, *Complexity: Life at the Edge of Chaos* (New York: Macmillan, 1990), 12.

2. From a speech to the National Defense Executive Reserve Conference in Washington, DC, November 14, 1957, in *Public Papers of the Presidents of the United States, Dwight D. Eisenhower* (Washington, DC: National Archives and Records Service,

Government Printing Office, 1960), 5:818.

第四章 | 確實完成工作

1. David Strayer, Frank Drews, and Dennis Crouch, "A Comparison of the Cell Phone Driver and the Drunk Driver," *Human Factors*, Summer 48.2 (2006): 381–391.

第五章 | 找出問題

1. Peter Drucker, *Management: Tasks, Responsibilities, Practices* (1974; repr., New York: HarperCollins, 2009), 237. 繁體中文版分為《杜拉克：管理的使命》《杜拉克：管理的責任》《杜拉克：管理的實務》三冊，由天下雜誌出版。

第六章 | 改變文化

1. Melvin E. Conway, "How Do Committees Invent," *Datamation*, April 1968.

2. Neil Garrett, Stephanie Lazzaro, Dan Ariely, and Tali Sharot, "The Brain Adapts to Dishonesty," *Nature Neuroscience* 19(2016): 1727–1732.

第七章｜做正確的事

1. Jeff Sutherland, N. Harrison, and J. Riddle, IEEE HICSS 47th Hawaii International Conference on System Sciences, Big Island, Hawaii, 2014.

2. ScrumPLoP, *A Scrum Book: The Spirit of the Game* (Raleigh, NC: Pragmatic Bookshelf, 2019).

3. 同上注。

4. Bruce Tuckman, "Developmental Sequence in Small Groups," *Psychological Bulletin*, vol. 63, no. 6 (1965): 384–399.

5. Scrum PLoP, *A Scrum Book*.

6. 同本章注2。

7. 同本章注2。

8. 同本章注2。

9. 同本章注2。

10. 同本章注2。

11. 同本章注2。

第九章｜打造文藝復興企業

1. Peter Drucker, *Innovation and Entrepreneurship* (1985; repr., New York: HarperCollins, 2009), 37.繁體中文版《創新與創業精

神》，由臉譜出版。

2. Isaac Pino, "Why Autodesk Shares Are Surging Even as Sales Slide," The Motley Fool, May 3, 2018.

第十章｜更多選擇的世界

1. John Snow, *On the Mode of Communication of Cholera*, 2nd ed. (London: John Churchill, 1855).

2. Albert O. Hirschman, "Against Parsimony: Three Easy Ways of Complicating Some Categories of Economic Discourse," *Economics and Philosophy* 1 (1985): 7–21.

3. S. Cohen, W. J. Doyle, D. P. Skoner, B. S. Rabin, and J. M. Gwaltney Jr., "Social Ties and Susceptibility to the Common Cold," *Journal of the American Medical Association* 277 (1997): 1943.

4. 同上注。

5. L. F. Berkman and L. Syme, "'Social Networks, Host Resistance, and Mortality: A Nine-Year Follow-Up Study of Alameda County Residents," *American Journal of Epidemiology* 109 (1979): 190.

6. A. Rosengren, K. Orth-Gomer, H. Wedel, and L. Wilhelmsen, "Stressful Life Events, Social Support, and Mortality in Men Born in 1933," *British Medical Journal* 307 (1993): 1104.

7. Sheldon Cohen, "Social Relationships and Health," *American Psychologist*, November 1994, 678–679.

財經企管 BCB692

SCRUM 敏捷實戰手冊：增強績效、放大成果、縮短決策流程
The Scrum Fieldbook: A Master Class on Accelerating Performance, Getting Results, and Defining the Future

作者 —— J.J. 薩瑟蘭　J.J. Sutherland
譯者 —— 陳重亨

總編輯 —— 吳佩穎
書系主編 —— 蘇鵬元
責任編輯 —— 王映茹
封面設計 —— 張議文

出版人 —— 遠見天下文化出版股份有限公司
創辦人 —— 高希均、王力行
遠見・天下文化 事業群董事長 —— 高希均
事業群發行人／CEO —— 王力行
天下文化社長 —— 林天來
天下文化總經理 —— 林芳燕
國際事務開發部兼版權中心總監 —— 潘欣
法律顧問 —— 理律法律事務所陳長文律師
著作權顧問 —— 魏啟翔律師
社址 —— 臺北市 104 松江路 93 巷 1 號
讀者服務專線 —— 02-2662-0012 ｜傳真 —— 02-2662-0007；02-2662-0009
電子郵件信箱 —— cwpc@cwgv.com.tw
直接郵撥帳號 —— 1326703-6 號　遠見天下文化出版股份有限公司

電腦排版 —— bear 工作室
製版廠 —— 東豪印刷事業有限公司
印刷廠 —— 祥峰印刷事業有限公司
裝訂廠 —— 中原造像股份有限公司
登記證 —— 局版台業字第 2517 號
總經銷 —— 大和書報圖書股份有限公司｜電話 —— 02-8990-2588
出版日期 —— 2020 年 4 月 30 日第一版第 1 次印行
　　　　　　2023 年 2 月 4 日第一版第 5 次印行

國家圖書館出版品預行編目（CIP）資料

SCRUM 敏捷實戰手冊：增強績效、放大成果、縮短決策
流程 / J.J. 薩瑟蘭（J.J. Sutherland）著；陳重亨譯.
-- 第一版 .-- 臺北市：遠見天下文化，2020.04
352 面；14.8×21 公分 .--（財經企管；BCB692）

譯自：The Scrum Fieldbook: A Master Class on
Accelerating Performance, Getting Results, and Defining
the Future

ISBN 978-986-479-980-0（平裝）

1. 專案管理 2. 軟體研發 3. 電腦程式設計

494　　　　　　　　　　　　　　　109004752

定價 —— 450 元
ISBN —— 978-986-479-980-0
書號 —— BCB692
天下文化官網 —— bookzone.cwgv.com.tw

天下文化
BELIEVE IN READING